嘉兴新型职业农民培训系列教材

嘉兴特色水产养殖技术

徐卫国　主编

中国农业大学出版社
·北京·

图书在版编目(CIP)数据

嘉兴特色水产养殖技术/徐卫国主编. —北京：中国农业大学出版社，2016.11(2017.6 重印)

ISBN 978-7-5655-1739-6

Ⅰ.①嘉… Ⅱ.①徐… Ⅲ.①水产养殖-嘉兴 Ⅳ.①S96

中国版本图书馆 CIP 数据核字(2016)第 282559 号

书　名 嘉兴特色水产养殖技术
作　者 徐卫国 主编

策划编辑	梁爱荣	**责任编辑**	梁爱荣
封面设计	郑 川	**责任校对**	王晓凤
出版发行	中国农业大学出版社		
社　址	北京市海淀区圆明园西路 2 号	**邮政编码**	100193
电　话	发行部 010-62818525,8625	**读者服务部**	010-62732336
	编辑部 010-62732617,2618	**出 版 部**	010-62733440
网　址	http://www.cau.edu.cn/caup	**e-mail**	cbsszs @ cau.edu.cn
经　销	新华书店		
印　刷	涿州市星河印刷有限公司		
版　次	2017 年 1 月第 1 版　2017 年 6 月第 2 次印刷		
规　格	850×1 168　32 开本　8.375 印张　210 千字		
定　价	21.00 元		

编写人员

主　　编　徐卫国（嘉兴市水产技术推广总站）

副 主 编　高培国（嘉兴市秀洲区水产技术推广站）

参编人员　张　枫（嘉兴市秀洲区水产技术推广站）

陆文燕（嘉兴市秀洲区水产技术推广站）

谈灵珍（嘉兴市南湖区水产站）

陆立刚（嘉善县水产技术推广站）

吴春其（嘉善县水产技术推广站）

宋之琦（平湖市渔业技术推广与海洋资源服务中心）

杨　庆（平湖市渔业技术推广与海洋资源服务中心）

吕伟清（桐乡市水产工作站）

孙伟杰（桐乡市水产工作站）

朱云海（桐乡市水产工作站）

蒋路平（嘉兴市水产技术推广总站）

内容简介

本书由编写人员对嘉兴市主导和具有本地地域特点的水产养殖品种进行筛选，选取了15个基本反映嘉兴特色的水产养殖品种，其中甲鱼、南美白对虾、罗氏沼虾、青鱼等为嘉兴优势主导水产养殖品种；河蟹、青虾、鳜鱼、加州鲈鱼等为近年来发展迅猛的名贵水产养殖品种；而白玉蜗牛、水蛭等是极具嘉兴地域特色的水产养殖品种。

本书共十四章，围绕每个品种的生物学特性、全市养殖概况、养殖模式、病害防治、典型案例等开展编写，内容基本反映了目前嘉兴市水产养殖现状，是一本理论和实践相结合的职业技术培训教材。

序

新型职业农民培育是事关“三农”发展的重大战略性问题，也是事关农业现代化的方向性问题。作为传统农业大市和统筹城乡先行地的嘉兴，近年来一直把培育新型职业农民作为重点工作来抓，依托农民院校和农广校为主平台，采取适应成人学习和农业生产规律的“分段式、重实训、参与式”培育方式，大力推行农民田间学校、送教下乡模式，逐步推进从“办班”到“育人”的转变。自2014年市农民学院成立以来，以“整合资源、创新机制、提高效益、构建平台”为原则，以培养农村实用人才、新型职业农民以及农村创业创新人才为重点，开设包含粮食生产技术、农产品电子商务、花卉苗木、果树种植技术等培训班，形成了“专家授课、学员交流、基地学习、考核评价”的培训模式，培养了近两千名的中高级农村实用人才，为推进农业转型发展和社会主义新农村建设注入了新活力，提供了新动能。

“十三五”时期，是全面建成小康社会的决胜期，也是传统农业向现代农业转化的关键时期，大量先进农业科学技术、高效率农业设施装备、现代化经营管理理念越来越多地被引入农业生产的各个领域，迫切需要加快构建职业农民队伍，形成一支高素质农业生产经营者队伍。培育新型职业农民需要有效的教育培训制度，不断提高教育培训的专业化、精准化、标准化水平，而教材建设是一项非常重要的基础性工作。这次市农民学院组织专家编写本乡本土的新型职业农民培训教材，在选题、内容、形式等方面进行了不同程度的探索，形成了第一批系列精品教材，为构建特色鲜明、内容全面、务实管用的区域教材体系开了一个好头。概括起来有三方面特点：一是选题准，实现与现代农业发展要求和农民需求对接，有利于新型职业农民综合素质、生产水平和经营能力全面提升；二是内容翔实，围绕嘉兴市主导产业全过程梳理，贴近农民生产生活实际；三是形式新，实现与农民学习特点和习惯对接，图文并茂、通俗易懂。

农业是国民经济的基础，农业现代化是国家现代化的重要组成部分，在大众创业、万众创新的时代潮流中，作为现代农业核心主体的新型职业农民必将大有可为。新形势意味着新任务，新阶段意味着新起点，各级各部门要坚持“政府主导、农民主体、需求导向、综合配套”的原则，把培育新型职业农民作为重要职责，放在突出位置，采取更加有力的措施推动各项工作落实到位。希冀农民学院以系列教材的编写为契机，进一步规范职业教学，提升培养质量，更好地满足新型职业农民多层次、多形式、广覆盖、经常性、制度化的教育培训需求，把新型职业农民培育打造成民心工程、德政工程，使农民学院真正成为农民终身学习的平台、创业创新的摇篮，为农业现代化建设提供有力支撑。

2016.10

前　言

嘉兴市地处江南“鱼米之乡”，渔业生产历史悠久，早在2 000多年前越国大臣范蠡编写的《养鱼经》中已经有江南渔民捕鱼、养鱼的历史。但直到20世纪80年代初，渔业生产还停留在靠天吃饭阶段，生产水平极低。嘉兴市现代渔业的发展是从改革开放开始的，特别是90年代随着种苗生产、饲料加工、渔业机械等技术的突破，集约化的现代水产养殖模式迅速推广，带动了嘉兴水产业快速发展。

随着人民群众生活水平的提高，物质需求发生变化，消费者从追求温饱开始向追求品质转变；市场供求关系也随之转变，水产品需求也从供不应求向局部过剩转变，嘉兴水产养殖业也迈入转型发展阶段；一些高品质的水产品也走入平常百姓生活中，需求量也越来越大，嘉兴市的水产养殖业也逐步向名、特、优、新转变，全市的水产养殖业发展迎来前所未有的机遇，一些水产养殖品种不仅在省内甚至全国都有相当的地位，对本地水产养殖户创业致富、改变自身命运起到了关键作用。

近年来随着嘉兴市特色水产养殖发展，一些新的水产养殖技术、模式层出不穷，并在全市水产养殖户中得到一定应用。但随着养殖规模的扩大，一些养殖品种的病害、种质问题也逐渐阻碍了产业发展，这些问题急需广大水产从业人员进行研究、总结。因此，本人也早有意向将全市水产养殖中的先进经验加以总结，并集结成册，以便更好地推广健康、生态、高效的水产养殖技术。2016 年 4 月受嘉兴职业技术学院委托，编写嘉兴新型职业农民培训系列教材水产养殖技术篇，这与我们的想法不谋而合，十分高兴承担了这项工作。为使教材更具综合性、专业性，由全市水产行业内的部分水产技术推广专家组成编委会，并对全市的特色水产养殖品种进行了梳理和筛选，经过数次讨论最终确定了 15 个适合嘉兴本地发展，具有长远市场前景的水产养殖品种进行编写。参加编写的编委都是长期活跃在嘉兴水产养殖第一线的渔技推广专家，他们既有丰富的实践经验，又有扎实的理论基础，所编著的教材通俗易懂，可操作性强。相信本教材的出版，对全市有志于从事水产养殖的学员获取知识、提高养殖水平有极大益处。

本书由徐卫国主编，全书编写分工如下：徐卫国、蒋路平编写第一章；杨庆、宋之琦编写第二章；张枫编写第三章；吴春其编写第四章；高培国编写第五章；陆立刚编写第六章和第七章；孙伟杰编写第八章；徐卫国编写第九章；陆文燕编写第十章；谈灵珍编写第十一章；吕伟清编写第十二章；朱云海编写第十三章和十四章。

本次书稿编写过程中，得到了省淡水水产研究所叶雪平研究员、省水产技术推广总站郑天伦高工等专家的指正，这里一并予以感谢。最后，由于时间仓促和编者水平有限，书中疏漏之处在所难免，敬请大家批评和指正！

编　者
2016 年 8 月

目　　录

第一章

甲鱼养殖技术

第一节　生物学特性

一、分类

甲鱼学名鳖，正文中出现的鳖即甲鱼，属脊索动物门爬行纲龟鳖目鳖科鳖属。一种卵生两栖爬行动物。目前养殖的品种以中华鳖为主。

甲鱼养殖彩图

二、形态特征

鳖外形似龟。鳖的外形呈椭圆形，比龟更扁平，从外形颜色观察，鳖通常背际和四肢呈暗绿色，有的背面浅褐色，腹面白里透红。其头像龟，它的背腹甲上着生柔软的外膜，没有乌龟般的条纹，也较乌龟软。周围是柔软细腻的裙边。肢各生五爪。头颈和四肢可以伸缩。与其他海龟的壳不同之处在于：骨质壳没有周边骨板，高纹理表层，没有角状外骨板以及松散连接的腹(腹甲)。躯干略呈卵圆形,吻长,鼻孔开口于吻端,背部隆起有骨质甲。四肢粗短稍扁平,为五趾型,趾间有蹼膜,雌体尾一般不达裙边外缘,雄体大都伸出裙边外。

三、生活习性

鳖是变温动物,水陆两栖,用肺呼吸。喜欢生活在江河、湖泊、池塘中。常浮到水面,伸出吻尖进行呼吸,也常在陆地活动晒背。鳖对外界温度变化十分敏感,生活规律与外界温度变化有着密切的关系,10～12℃时鳖进入冬眠,杭嘉湖地区每年 11 月中旬到次年的 4 月中旬前后是鳖的冬眠期。春季水温上升到 15℃左右时,从冬眠中逐渐苏醒并开始摄食。20℃以上时,雌雄鳖进行交配产卵。鳖有护卵的习性,产卵后会在产卵地不远的水中守护,以防天敌伤害。25～30℃是鳖摄食生长的最适温度范围,也是人工养殖的最好季节。超过 33℃时,寻洞“避暑”。人工养殖中,因鳖生性好斗,大小鳖不宜混养。群体间恃强凌弱现象很普遍,食物缺乏时会残食同类。

鳖的生活习性可归纳为“三喜三怕”,即喜静怕惊,喜阳怕风,喜洁怕脏。鳖对周围环境的声响反应灵敏,只要周围稍有动静,鳖即可迅速潜入水底淤泥中。

在自然环境中,甲鱼喜欢栖息于水质清洁的江河、湖泊、水库、池塘等水域,风平浪静的白天常趴在向阳的岸边晒太阳(俗称晒背),利用阳光中的紫外线杀死体表的致病菌,促进受伤体表的愈合,通过晒背提高体温,促进食物消化。生性机敏,有轻微的惊动就会迅速的潜入水底一动不动.并且有判断逃跑路径的能力。

四、食性

鳖是以动物性饵料为主的杂食性动物,喜食鱼、虾、贝、昆虫及动物内脏和尸体。动物性料缺乏时,也需吃青草、瓜类和粮食等植物性饵料，性贪食，饵料不足时，常自相残食。

主要食物为小鱼、小虾、蝌蚪、螺、蚌、水生昆虫。鳖既贪食又耐饿，一次性食后很长时间可以不吃东西，也不会死亡。当然，这是靠它自身积蓄的营养来维持生命活动的，在人工养殖时一定要供给它充足的食物，以加快它的生长。鳖食蚯蚓、动物内脏等，同时也兼食蔬菜、草类、瓜果等。在食物不足时，同类可互相残食，亦可摄食动物尸体。

五、生长习性

鳖自然生长缓慢，一年中生长期仅 6 个月，因此生长发育慢，并随各地气候条件、饲养技术而异。一般饲养条件下，当年稚鳖体重可达 5～10 g，2 龄鳖达 50～100 g，3 龄鳖 100～200 g，4 龄鳖 400～500 g，5 龄 600 g 以上。因此，采用不加温的"常规养殖法"，养殖周期长达 4～5 年，如采取"加温养殖法"，养殖周期可缩短 1～2 年。

六、繁殖习性

由于鳖是卵生动物，卵在无亲体保护条件下孵化，孵化期长。因此尽管鳖的繁殖力强，但是天然环境中，由于受到多种敌害，病菌侵袭以及不良气候的影响，其孵化成活率较低。采用人工繁殖，可大大提高孵化率，缩短孵化期，为人工鳖提供充足的种苗。

第二节 养殖概况

一、发展概况

嘉兴养鳖业始于 1987 年，2001 年后进入了快速发展阶段，尤其是温室养鳖发展迅猛，2012 年成为全省乃至全国最大的甲鱼生产基地，面积产量位居全省第一，产量占全国的五分之一。2012 年全市养鳖温室面积达 482 万 m^2，池塘专养、混养面积 3.27 万亩，2012 年总产量 5.112 万 t，占全市水产品总产量的 28%；产值 21.4 亿元，占水产养殖产值的 56%，是我市养殖规模总量最大的一个品种。

近几年随着省、市“五水共治”战略实施，温室甲鱼养殖逐步开始退养和整治，海宁市于 2013 年开始实施温室甲鱼拆除措施，截至 2015 年底已全部拆除温室甲鱼养殖设施，共拆除 300 万 m^2，嘉善、海盐等地也拆除部分了不符合废水排放要求的温室甲鱼设施。受此影响，嘉兴市整个甲鱼养殖面积逐步减少，2015 年温室养殖面积 231 万 m^2，产量 3.652 万 t。

二、区域布局

南湖区产量 1.6 万 t，约占全市 40%，海宁市、海盐县、桐乡市产量均在 5 000 t 以上。目前，全市甲鱼养殖主要集中在南湖区的大桥镇、余新镇、海宁市的许村镇和嘉善县的杨庙镇、海盐县于城镇等。

三、养殖品种

目前甲鱼养殖的品种为中华鳖，经过多年的选育，已有不同品系进行商品养殖，主要有太湖花鳖品系、日本鳖品系、台湾鳖品系、黄河鳖品系以及日本鳖与台湾鳖杂交品系。本地甲鱼商品养殖以日本鳖品系、杂交鳖品系为主，以纯生态养殖为江南花鳖品系。其中日本鳖品系占 50%左右，杂交鳖品系约占 45%，另外有少部分养殖黄河鳖。近年来浙江省水产技术推广总站致力于良种选育、已有清溪乌鳖、浙新花鳖两个品种通过国家认定，目前嘉兴也有企业在试养。

四、种苗生产

全市现有中华鳖育苗企业 66 家，面积 367 hm^2。其中日本鳖育苗企业 44 家，以海宁日本鳖品系繁育交易量最大，2015 年全市生产甲鱼蛋 4 500 万枚，产值 0.6 亿元；全市年产能力 100 万只以上的中华鳖育苗企业有 19 家，2015 年产蛋 2 600 只，占全市产蛋量的 57.8%，平均占地 11.3 hm^2，平均固定资产投资 301 万元；随着苗种规模总量的发展，市场也不断得到拓展，2015 年全市中华鳖产蛋量的 65%满足本地需要，35%供应本省的杭州、湖州和江苏等周边地区。

五、市场经营

嘉兴目前无专业批发市场，温室鳖等低端产品主要通过当地营销户或外来客商收购后通过杭州、上海、南京等批发市场销往全国各地。中高端品牌甲鱼主要以单位团购为主，部分进农超，还有少量开专卖店常年销售。

全市已注册甲鱼产品商标 16 个，其中“六塔鳖”获中国名鳖称号，“六塔鳖”、“杨溪”等品牌获浙江名牌产品称号，“华神”、“杨溪”等多个品牌通过 HACCP、ISO 9001、无公害农产品等认证。

甲鱼加工目前尚未开展，以甲鱼菜肴为招牌的农家乐只有嘉善六塔、美华、秀洲垚泉等少数几个地方，二三产业融合发展滞后。

第三节　繁育技术

一、亲本培育

(一)亲本放养

凡达到性成熟年龄,可用来繁殖的雌雄个体均可作为亲鳖。但放养时应考虑亲鳖的年龄和体重,人工养殖鳖的性成熟年龄3龄以上,4～7龄为产卵高峰期,因此挑选雌雄亲鳖应挑选规格相近的为亲鳖,从外形看。应选择体质健壮,无病无伤,体表光滑,个体肥大,行动敏捷的个体。雌雄比例一般以4∶1为好,放养量控制在7 500只/hm^2左右。

(二)越冬前的准备

1.亲鳖池的选择

亲鳖池塘应选择形状比较规则、避风向阳、安静的地方,池塘应保水、保肥,池塘面积可根据养殖龟鳖体重可大可小,0.33～0.6 hm^2均可(图1-1),水位在1.5 m以上,底层淤肥深度以15～25 cm为宜。最好是壤土泥底,便于龟鳖钻泥越冬。越冬池水源

图1-1　亲鳖养殖塘

充足，注排水方便，容易控制，水质清新无污染，溶氧充足。亲鳖池应建造在最僻静的地方，并在向阳边的池埂上设置产卵场，上铺沙土。在产卵场周围最好有树或高秆作物遮阳。鳖是爬行动物，养鳖池周围都应具有围墙，即防逃墙。建造养鳖池防逃墙的一般要求是高出池埂 50～80 cm，如同时兼有防盗功能，则要高达 2 m 以上。墙顶端要向水面出檐 15～25 cm。在围墙与水面之间的池埂，应留出空地，以便鳖的活动和繁殖。

2. 加强秋季饲养

为了促进亲鳖体质健壮，使亲鳖长得又肥又壮，提高越冬成活率，增加肥满度，进入秋季后，就要增加甲鱼饲料的能量或添加 2%～3% 的植物油，同时加大投饵量，延长投喂时间。只要有亲鳖摄食，就要坚持投喂。亲鳖刚刚产完卵，体能消耗较大，体质较差，此时气温较高，应投喂新鲜易消化、高蛋白饲料为好，投饲量要适中；经一段时间调养后，应加大投饲量。越冬前应加大饵料中脂肪含量，增加钙质，以便于体内积累足够的脂肪，增强冬眠期抗寒能力，有利于翌年亲本受精、产卵及成活。

3. 越冬时间

越冬时间南迟北早，华东地区 11 月上旬至翌年 3 月下旬。越冬期间，亲鳖处于休眠状态，潜伏在池底，很少活动。龟鳖因其自身价值较高，不像四大家鱼那样越冬前并池处理，若需转塘，一般应在秋季或停食前 20 d。越冬池经清整、消毒后，立即回水，培肥水质，池水透明度在 30～40 cm。龟鳖放塘前应用高锰酸钾溶液或络合碘消毒，防止体表受伤感染。若有感染还需投喂抗感染药物治疗。放养密度要适中。

(三)越冬管理

(1)适时加注新水，使池塘水位保持在 1.5～2 m，如条件具备时，能保持越冬池塘微流水更佳，这样不但能保持池塘水质良好，而且还可减少控制冰冻层的厚度和增加冰下水体的溶氧。

(2)室外池塘水要培肥,透明度可在 25～30 cm,同时捞取池塘中的水浮莲等水生植物,增加光照面积和强度,有利于池水温度的提升,提早开食时间,同时避免死亡水生植物腐烂、沉底,消耗池中的溶氧,减少有毒物质的产生。

二、人工繁殖

1. 时间

当亲鳖池水温 20℃以上时,开始发情产卵,每年的 5—7 月为产卵季节,盛产期温度为 28～34℃。

2. 产卵

产卵场沙层湿度以手捏成团,松手即散为宜。雌鳖产卵在深夜进行。产卵时雌鳖爬上岸,寻找隐蔽、无积水、地势高的沙泥场地,挖穴产卵。产卵后扒盖穴后离去。每只雌鳖每年一般可产卵 3～5 批,每批产卵 10 个左右,产卵高峰期的雌鳖可产 50 枚蛋。

3. 鳖卵收集

在产卵季节,管理人员每天早晨巡视产卵场所,仔细寻找卵窝(卵窝具辐射状足迹),并做好标记;发现后,用手拨开洞口泥沙,取出鳖卵,动物极朝上,轻放于底部垫有松软底物的容器内(图 1-2),避免撞击和挤压而损坏鳖卵;每次收卵后将产卵场的泥沙抹平。

图 1-2　甲鱼蛋挑拣

三、人工孵化

1. 受精卵鉴别

鳖卵产出数小时后，外观可见一个圆形白色亮区，即受精标志，随着胚胎发育，圆形白色亮区也将逐步扩大。若白色亮区若明若暗，或白色区域边缘不规则，不继续扩大，视为未受精卵。

2. 孵化设施

(1)恒温孵化房 面积 10～20 m^2，高 2.8～3.0 m，平顶砖泥结构，要求保温性好，能换气，底面能积水 20 cm 不渗漏。按 1.5～2 m 配备 1 盏加热灯，用灵敏度为 0.1℃的自动温控开关控制。

(2)孵化盘 用厚 1～1.5 cm 的木板或塑料板制作成边长为 45 cm的正方形、高 10 cm的有底无盖的浅箱。底板每隔 5 cm 开直径 5 mm 的孔。

(3)孵化介质 有黄沙和蛭石两种。用黄沙，选用淡水沙子，粒径以 0.5～0.6 mm 为宜；用蛭石，粒径以 0.4～0.5 mm 为宜。

3. 孵化前准备

(1)孵化房消毒 用 10 mg/L 漂白粉溶液对孵化房进行喷雾消毒。5～7 d 后即可用于孵卵。

(2)孵化介质和孵化盘消毒 用 10 mg/L 漂白粉溶液浸泡 10～15 min 后，晒(晾)干。

4. 孵化条件

(1)温度 孵化介质(蛭石)温度控制在 30～32℃。

(2)湿度 在控温孵化房内进行人工孵化，空气湿度为 75%～85%。

(3)含水量 孵化介质的含水量控制在 6%～8%。

5. 孵化管理要点

(1)将经过鉴别的受精卵动物极向上，在孵化盘中单层成排整齐地埋藏在孵化介质中，卵间距在 0.2～0.5 cm。

(2)装好受精卵的孵化盘在孵化房叠加堆放成垛，每垛 10～12 盘，并架放离地面 20 cm。

(3)孵化房地面注水约 15 cm，并在整个孵化期内保持地面水位在 10 cm 以上。

(4)开始加温时，每天升高 3℃，5 d 以内升高到控制温度。

(5)孵化盘中介质含水量低于 6%（蛭石表面用手紧捏挤不出水）时，及时用喷雾器喷上少量水雾。

(6)每天中午定时开窗通风 0.5～1 h，具体时间以孵化盘中介质温度下降≤3℃为准。

(7)每隔 10 d 每垛孵化盘的上下层盘互换位置 1 次。

6. 孵化时间

从鳖卵产出到稚鳖出壳整个过程，约需积温 36 000 d · ℃。在 32℃的条件下，约需 45 d。

7. 稚鳖收集

刚出壳的稚鳖可收入直径 1 m、高 30 cm 的光滑塑料盆中，并装少许水，让其自然摆脱胚外组织，之后可移入稚鳖池。

第四节　养殖模式

目前嘉兴甲鱼养殖主要有三种模式：①全温室养殖。以每平方放养 40 只，期间在春节起捕一次，通过捕大留小并适度降低放养密度，每平方米控制在 20 只以内，经过 12 个月的养殖，规格平均达到 400 g，即上市销售，这种养殖模式以台湾鳖、杂交鳖为主。②“两段式”养殖。以日本鳖为主，前期在温室养殖，次年 6 月后转至外塘养殖，至春节出售，平均规格能达到 750 g。③纯生态养殖，以江南花鳖为主，即鳖苗直接放入外塘或将温室养殖的鳖种放入外塘外，经过 2 年以上养殖，经过捕大留小达到商品规格进入市场销售，其品相、口味接近天然野生甲鱼，价格也较高，主要采用品牌专卖形式销售。

一、全温室养殖

（一）温室养殖设施

温室建造应符合有关建筑管理规定，具备良好的保温性能，并配备相应的加温、增氧、进排水等设备。一般 1 500 m^2 配套一台生物质炉或 5 匹空调一台，3.5 kW 罗茨增氧机 1 台，颗粒饲料机 1 台，加温池 150 m^3，管理辅助用房 200 m^2 等设施。

养殖池建造应符合中华鳖生活习性的要求。鳖池大小统一，面积每个在 15～20 m^2，池高 0.6 m，池壁顶端向内伸檐 8～10 cm，以防鳖逃跑。饲料台用长 3 m，宽 0.5 m 的木板或水泥预制板搭设，淹没在水下 15 cm。池中设置网袋用以中华鳖隐蔽之用。网袋由无结网片叠 3～4 层而成，呈方形，边长 40 cm，网袋对角垂挂，行距 20 cm，窝距 15 cm，网袋离池底 10～15 cm，露出水面 5～10 cm。

（二）稚鳖放养

1. 稚鳖暂养

刚出壳的稚鳖先放在内壁光滑的容器或水池中暂养，暂养密度控制在 200 只/m^2以下，暂养水深保持 2～5 cm，24 h 后移至稚鳖池培育。

2. 放养准备

（1）清塘消毒　排干池水，检修防逃设施，保持池底有 2～5 cm 的软泥；用漂白粉 1 mg/kg 全池泼洒。

（2）注水和培育水质　消毒 3～7 d 后鳖池注水 20 cm。以后随着稚鳖生长逐步加深水位，最后水位控制在 40 cm。

3. 放养方法

孵化出壳后的稚鳖待其脐带脱落后再捕出消毒，在孵化房内暂养一天，在稚鳖开口饲料化成的2%浆水中进行开食。开食后的稚鳖、经消毒的幼鳖和亲鳖用箱或盆运至鳖池水边，倾斜盛鳖容器口，让鳖自行游入鳖池。

(三)饲养管理

1. 饲料种类

饲料的种类有：鳖用粉状配合饲料加工而成的软颗粒或团状饲料、膨化配合颗粒饲料。

2. 投喂方法

投喂应坚持“四定”原则，即：

(1)定点　稚鳖放养初期，饲料投喂在食台的水下部分，30 d后逐步改为投放在食台的水上部分。

(2)定时　水温20～25℃时，每天1次，中午投喂；水温>25℃时，每天2次，分别为9时前和16时后。

(3)定质　配合饲料质量应符合SC/T 1047和SC/T 1077的规定，卫生指标应符合GB 13078和NY 5071的规定。

(4)定量　具体投饲量的多少应根据气候状况和鳖的摄食强度进行适当调整。养殖生产中，在配合饲料中可添加10%左右含维生素、纤维较多的无公害蔬菜(如青菜、胡萝卜、南瓜等)对帮助消化、降低饵料系数与增强鳖的抗病能力有较大的益处。

3. 清扫食台

每次投饲前清扫食台上的残饵，保持食台清洁。

(四)温度控制

水温30～32℃为甲鱼最佳的生长环境，在水温高于20℃时就开始摄食。摄食量随水温升高而增加。若低于最佳温度时，消化酶合成水平低，饵料转化率低；水温高于最佳状态时，由于甲鱼活动量增加，也会降低转化率。室内气温一般控制在33～35℃，尽量保持恒定。

(五)水质调控

良好的水体环境是甲鱼稳定生长的重要条件。水质调控得好坏,决定了甲鱼养殖的成败。应用微生物制剂培养水体能提高水体的稳定性和自净能力。建立水体的微生态平衡是水体控制的重要手段。微生物制剂的合理使用可大大节约水质调控及其他方面的投入。一般黑暗温室可用光合细菌或芽孢杆菌等有益微生物制剂来降低水中的氨氮、亚硝酸盐的含量,分解有机质和其他有害物质。采光温室可采用 EM 复合微生物制剂培养水体中有益藻类来创造水体平衡。同时可减少换水次数和数量,节约水电费用。生产实践证明,使用有益微生态制剂是改善水质、净化底质及预防疾病的有效方法。

(六)溶氧调控

鳖虽然主要是以肺呼吸的两栖类爬行动物,但大部分时间生活在水中,靠辅助呼吸器官吸收水中的氧气。若长期溶氧不足,就有可能引起甲鱼低溶氧综合症。血管输送氧气能力下降,生长削弱,组织受损,对传染性疾病的敏感性增加。养殖中常用充气的方法改善水中溶氧,同时降低水体中有害气体含量与氧化有机质。平时要保证充气设施畅通,养殖前期可根据水体状况调整充气时间的长短,至 200 g 后应全天候增氧,只有投饵时可适时关闭。

(七)排污与换水

定期排污是控制水质的有效手段。有良好的聚污能力的池体,采取定期排污的方法效果显著。换水是调节水质最直接的方法,但频繁换水一方面费用太高,另一方面换水容易破坏原有的生态平衡。因此,换水应根据水体情况决定换水量的多少,应避免大量换水。目前整个温室养殖期间水质调控较好可全程不换水。

(八)起捕和销售

每年春节过后,根据甲鱼生长情况判断起捕时间,当35%的中华鳖达到0.4 kg规格的时候,进行第一次捕捞。在起捕前须停食一天,将0.4 kg以上规格的甲鱼捕捞上市,其余不够规格的甲鱼根据不同规格重新放养。2个月后进行第二次捕捞,将剩余中华鳖全部捕捞上市。

二、"二段式"养殖

"二段式"养殖顾名思义是指二种养殖方式结合的甲鱼养殖模式,前期温室养殖阶段与上文全温室养殖类似,温室养殖结束后翻至外塘养殖,至翌年春节上市销售,整个养殖周期约一年半。

(一)养殖品种

目前"二段式"养殖最合适的品种是中华鳖日本品系,俗称日本鳖。日本鳖是1995年前后萧山、海宁等地养殖企业从日本福岗、长崎引进,经过多年选育形成的,其主要的养殖性状是抗逆性强,生长速度快,一般2龄的日本鳖平均规格可达1 kg。

(二)转池前温室内的处理

包括水温的调控、甲鱼病症的处理、甲鱼体质的锻炼等。一般来说,甲鱼经过一个冬季的饲养,温室内的空气质量、水体理化因子指标都积累到了一定的浓度,甲鱼被迫适应,若不经过锻炼调整,甲鱼直接投放到外塘,新环境突变难以适应,表现为诱食慢、甲鱼应激反应大、内脏生理机能紊乱、机体免疫力下降。诱发多种疾病,如腐皮、疖疮、穿孔病等。具体预防措施为:

1. 温度的调整

转池前做好时间安排,提前5~7 d,温室采取降温,缩小室内外温差。第一、二天可采用开门窗自然降温法,剩下时间可结合外塘水温,加注冷水降温,降温幅度以每天下降1~1.5℃为宜,当室内水温基本与外塘水温一致时，水温调整过程完成，调温后的温室甲鱼投放到外塘后适应能力较强，降温时间可视甲鱼体质、天气作时间上的调整，一般降温不低于 3～4 d。

2. 体质的培育、疾病的防治

温室生病甲鱼最好在治愈后再转池，因温室吃食、治疗环境条件优于外塘，防治手段多病甲鱼一旦投放到外塘，由于吃食条件差，环境因素突变，治疗效果差。健康的甲鱼在降温前可强化培育 3～5 d，一般是在饲料中添加维生素 C、消炎类抗生素等，防止在转移途中操作受伤感染，维生素 C 可促进伤口愈合，预防感染发炎，减少应激反应等。

(三)甲鱼分池操作过程注意事项

1. 分池天气选择

当外塘水温达 25～26℃或以上时，可根据当地气象部门的天气预测，选择连续 3～5 d 晴朗天气，保障甲鱼投外塘后尽快摄食。一般来说，长江流域可选择 5 月下旬出池，南方提前，江北推迟。

2. 甲鱼浸浴药物选择使用

甲鱼在起捕、运输、点数称量过程中，不可避免地会出现抓伤、擦伤情况，伤口若不作出及时处理很容易感染发炎，诱发皮肤病，这时可选择收敛性强、药效快的 10～15 mg/kg 高锰酸钾浸浴，达到抑菌收敛伤口作用，减少发病感染概率。

甲鱼的起捕、点数、称量、运输过程最好全程带水操作，减少甲鱼体表受伤的可能性，对于不同规格体质甲鱼进行分类放养殖。

3. 转塘后的管理

(1)外用消毒剂的选择及使用　甲鱼投放外塘后，立即对池塘水体进行全池泼洒，可选择刺激性小的溴制剂，碘制剂、氯制剂连续用 2～3 d，剂量按预防时，第二、三天减半，10～15 d 后可重新预防一遍。

(2)内服药服的筛选使用　在转入外塘甲鱼饲料中开始添加生物制剂或诱食剂使甲鱼尽早吃食，当投饲量恢复到温室时的60%～80%，吃食明显旺盛时，可添加复合维生素、抗生素、保肝利胆中成药等。

(3)日常操作管理　转入外塘甲鱼，重视程度更加明确，可以说是甲鱼周期养殖的最关键阶段，这时应合理安排投饵量，投饵次数，专人专管，密切注意甲鱼吃食情况，水质变化，定期检测甲鱼生长指标情况，整理数据对比分析，便于及早发现问题，对症处理，绝不能产生外塘环境好，养殖很轻松无关紧要的懈怠思想。

(四)放养外塘的准备

甲鱼从温室转移到外塘前，先对外塘的底质和水体作彻底杀菌处理，新挖池塘先加水 10～15 cm，用 20～30 mg/kg 漂白粉或 300～400 mg/kg 生石灰水清塘，5～7 d 加注新水，水位加至 60～80 cm，水位浅便于外塘水温的升高，避免水体上下层温差大，对于老化的池塘，最好加大消毒力度，因淤泥中残存着大量的病原微生物、腐殖质、寄生虫等，当外界条件适应时，可大量滋生，甲鱼易受感染生病，因此老池塘要加大清塘力度，可利用干塘暴晒法、生石灰水清塘翻动底泥法，一段时间待药效消失后，可施底质改良剂，改善土质结构。

(五)养殖塘条件

池塘条件一般要求池塘面积在 2 600～3 300 m^2，水深 2.0～2.5 m。位置要尽量择在环境安静的地方，水源清池塘排灌方便，阳光充足。四周以水泥护坡，T 形，高 80～100 cm，并向池塘内伸出檐 15～20 cm，防鳖爬走散失，池塘四周及进排水口围栏设施要求完善、牢固，能起到防逃的作用(图 1-3)。另外，整个养殖场四周应建设围墙，一般高 2.5 m，便于隔离周边的噪声，同时兼具防盗作用。

图 1-3 甲鱼外塘养殖设施

(六)甲鱼放养

1. 时间的选择

出棚时间一般为 5 月下旬和 6 月上旬，外塘水温必须达 25～26℃，在上午 4 时及下午 5 时以后进行，避免在高温及阳光强烈条件下进行。

2. 放养操作

温室鳖经运输或出现损伤，放养前需进行挑选，将伤鳖、病鳖挑出隔离养殖，也可在此时分选雌雄，便于分开放养。温室鳖在放养前需用 20 mg/kg 高锰酸钾或聚维酮碘(含有效碘 1%)浸泡 5 min 后装入塑料周转筐，防止挤伤压伤，然后将筐子运到养殖池边，让其自然爬入池中，放养密度不宜过大，以每 667 m^2 1 000～1 200 只为宜。下池后 1～2 h，全池生石灰水或强氯精泼洒消毒，而后隔 3 d 消毒一次。下池后 2～3 d，根据池中甲鱼的活动情况酌情进行诱食试验，首次投喂量控制在每亩 500 g 以内，诱食成功后可在饲料中添加保肝健胃类产品(如肝保宁等)3～5 d。

(七)日常管理

1. 投饵

当前甲鱼饲料主要有鲜活饲料、混合饲料和配合饲料，提倡采用全价配合饲料。饲料投喂以定质、定量、定点、定时的“四定”原则。日投喂量按池塘鳖重的1%～2.5%，日投喂次数2次，早上8时和下午4时，高温季节下午投饲时间延长至17时左右，投喂量以2 h内吃完为准。

2. 水质调控

定期泼洒生石灰或强氯精，预防病害发生。鳖类养殖塘水的透明度以20～30 cm为宜，正常良好的水色为黄绿色或茶褐色。为保障水质稳定，可套养滤食性鱼类，如每667 m^2套养白鲢50～100尾和花鲢10～20尾。养殖过程中一般不需换水，只需不定期加注新水，维持水位在80 cm左右，至10月份天气转冷，可加深水位至1 m左右。

3. 巡塘管理

做好日常管理记录，做到每天巡塘不少于3次，晚上加强值班，防逃防偷。

(八)起捕

一般于当年10月以后甲鱼停食即可起捕，经7～8个月养殖商品鳖均重可达700 g以上。视市场行情选择销售，主要是春节消费高峰期为主。

三、生态养殖

(一)中华鳖生态养殖基本要求

(1)选择的鳖种必须来自长江中下游洞庭湖、太湖流域的原种亲鳖或子一代良种鳖。

(2)采用的养殖模式及环境条件，能满足中华鳖的生活习性，使之正常生活、生长发育和繁殖。

(3)养成的商品鳖不受任何污染，也无药物残留，其口感和风味接近野生鳖，符合绿色食品要求。

(二)生态养鳖的前期准备

1. 建址选择

池塘条件一般要求池塘面积在 0.33～0.67 hm^2，水深 2.0～2.5 m。位置要尽量选择环境安静的地方，水源清池塘排灌方便，阳光充足。四周要砌成高 50 cm 左右的围墙以防鳖爬走散失，池边设置刚露出水面的沙洲，或在池中设置一个人工小岛，水洲上种植芦苇等挺水植物，以便于鳖上岸活动“晒背”。池塘四周及进排水口围栏设施要求完善、牢固，能起到防逃、防盗的作用。

2. 清塘消毒、施肥

池塘在冬季要干塘曝晒，老化池塘要清除过多的底质淤泥。放养前，注水 0.8～1.0 m，用 150 kg/667 m^2 的生石灰清塘消毒。然后施入经过发酵腐熟的人、畜、禽等有机肥进行肥水，新开挖的池塘施肥量为 500 kg/667 m^2，老化池塘施肥量为 250～350 kg/667 m^2。清塘后 10 d 放养螺蛳 30～100 kg/667 m^2。以养鱼为主的鱼鳖混养池可在冬季放养前进行上述操作，而以养鳖为主的鱼鳖混养池在每年的 5 月上、中旬进行上述操作。6 月上、中旬，在温室中的幼鳖出池前 1 周左右，要打开温室的门窗降温，使温室内外的气温、水温逐步趋于一致，再将幼鳖出池放养到鱼鳖混养池中。

(三)苗种放养

1. 以养鳖为主的鱼鳖混养池

6 月上中旬，放养规格为体重 250 g/只的温室出池幼鳖 500 只/667 m^2(约 145 kg)，放养平均规格为 1.5 寸/尾的鱼类夏花 4 500 尾/667 m^2(约 2.5 kg)。

2. 以养鱼为主的鱼鳖混养池

鱼种要求冬放，最迟在 2 月底前放养结束，若套养鱼类夏花，则在 6 月底前放养结束。放养花白鲢等肥水鱼，其规格为 20 尾/kg 左右，放养密度为 45 kg/667 m^2；放养鳊、鲫、草等摄食性鱼类，其规格为 20 尾/kg 左右，放养密度为 60 kg/667 m^2。幼鳖于 3 月中旬至 5 月下旬放养，若用温室出池幼鳖则于 6 月放养，放养体重为 50～250 g/只的幼鳖 200 只/667 m^2(约 21 kg)。

(四)饲养管理

1. 投喂

鳖主要摄食高蛋白的动物性饵料，如活的螺蛳、蚌、新鲜鱼虾块、蚯蚓及加工肉类的副产品等，也摄食富含淀粉的植物性饵料，如黄豆、玉米等，每次投喂量为幼鳖总重的 5%～10%，每天投喂 2 次，且于上午 9 时和日落前 5 时投喂。经验表明，比例为 3∶7。饲料以投喂人工配合的饲料加适当比例的鲜活饵料效果最好，鲜活饲料比例为 20%。饵料多投喂于水泥预制板台上，且水泥预制板台固定在池坡上，上端稍出水面，下端入水约 0.3 m。

2. 换水

根据鱼鳖混养池的水位、水质、鳖的生长情况和季节、天气变化情况等，适时加注新水和换水，每次加水可提高池塘水位 10～20 cm，每次换水可为池水总量的 1/3 左右。由于鳖生长发育的钙质需要量较多，还需投放适量的生石灰，在鱼鳖生长的旺季，每隔 30 d 投放 1 次，用量为 30 kg/667 m^2 左右，既可满足鳖、螺的需要，又能改善水质。

3. 中华鳖生态养殖中几种添加剂的应用

在中华鳖生态养殖中，适当应用一些无公害添加剂可以促进生长，提高抗病能力。

(1)鳖用复合酶制剂(OE-T)　可促进鳖对饲料中营养物质的消化吸收，提高饵料利用率。添加量为饲料量的 0.2%。

(2)大蒜素(或大蒜) 对病原微生物有较强的抑制和杀灭作用。大蒜用量一般按饲料量的2%左右。饲料中大蒜素的有效含量25～35 mg/kg。

(3)光合细菌(PSB) 是优良的水质改良剂和饲料添加剂。外用全池泼洒1～3 mg/kg,在使用中不能与抗生素、氯制剂等混用;内服为饲料量的2%。

(4)低聚糖 促进有益微生物的繁殖和抑制有害微生物的作用,可激活鳖体免疫功能,直接吸附病原菌,起到“清洗”肠壁上病原菌作用。

第五节 病害防治

野生状态下的甲鱼由于种群密度低、水质好、生存空间大,所以免疫力强,发病少,流行性暴发性疾病发生概率小;而人工养殖条件下,养殖密度高,生存空间小,水体负载量大,溶氧不充分,水质极易恶化,甲鱼处于应激状态下,机体免疫能力下降,极易发病。另外,甲鱼是抢食性物种,随着对空间和食物的争夺,彼此极易发生撕咬,出现伤口则为病菌侵入提供了方便之门。据统计,在温室高密度养殖情况下,发病率可达50%,死亡率高达80%,对甲鱼养殖构成了极大威胁。常见的疾病有鳃腺炎、白底板病、红底板病、水霉病、疖疮病、脖肿病、红脖病、白斑病、腐皮病等。

一、甲鱼常见病害的防治

1. 鳃腺炎

鳃腺炎病在甲鱼病害中是危害最大、传染最猛烈、死亡最快的一种传染病,是列入国家水生动物疫病目录的三类疫病。一旦发病,死亡率极高,是一种可怕的灾害性疾病。该病主要发生在稚、幼鳖生长期。流行季节为6—9月。水温在25～30℃发病最为严重。

症状：鳖颈部肿大，又称大脖子病，全身浮肿病体腹甲有红斑，口鼻出血，腹面两侧有红肿现象；眼呈混浊而失明，但体表光滑；鳃腺有纤毛状突起，严重出血、糜烂，呈溃疡性病灶（图 1-4）；内脏充血，体腔有腹水；病鳖因水肿而导致行动迟缓，在食台、晒台或陆地伸颈死亡。

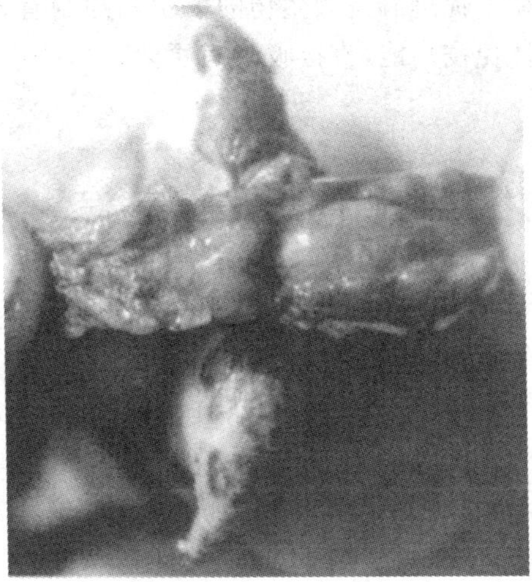

图 1-4　甲鱼鳃腺炎

病原目前尚无明确，但病原分析，病毒和细菌皆可引起该种症状，但病毒性鳃腺炎死亡率高达 80%，而且基本在 1 周内死亡。细菌性鳃腺炎用 10 mg/kg 强氯精全池泼洒，每 100 kg 甲鱼每天拌饵氟苯尼考 15 g，按 5%投饵量计算，即 100 kg 饲料拌入 300 g 氟苯尼考，连用 7 d，同时为抵消抗生素对肝脏的副作用，建议添加多维素、酵母蛋白、乳酸菌等。

2. 白底板病

白底板病一直是个争议性非常大的疾病，是目前对甲鱼危害仅次于腮腺炎病的病害，死亡率高、治疗难度大，一般 100 g 以上规格的甲鱼才暴发此病。发病初期甲鱼每天的死亡数量在 2‰左右，后平稳上升，每天的死亡数量逐步加剧，若不及时治疗或治疗措施不当，会导致全军覆没。

病原：白底板病发病原因较复杂，初步认为，该病发病原因为病毒性病原原发性感染，细菌性病原继发性感染。就目前的科技手段，可以从病体上分离出的致病菌和病毒有：嗜水气单胞菌、迟缓爱德华氏菌、普通变形杆菌和直径约 80 nm 的球形病毒。此外，投喂不新鲜的饵料，饲料营养成分单一，养殖环境恶劣或发生剧烈变化，或从外地引入带病的亲、幼甲鱼等均可导致该病的发生。

症状：病鱼体表无明显损伤性伤口，底板苍白无血（图 1-5），呈极度贫血症状，四肢无力，体形大多呈水肿特征，一般临死前还能少量摄食，喜爬板，脖子伸长，严重的眼呈失明状，解剖发现内脏腹腔有腹水，严重的腹水是淡血水色，有的甚至就是淡黄色的腹水（图 1-6）。但甲鱼白底板病各内脏器官病症表现存在明显差异，根据内脏器官病变表征的不同，可以把甲鱼白底板病分为三种类型：

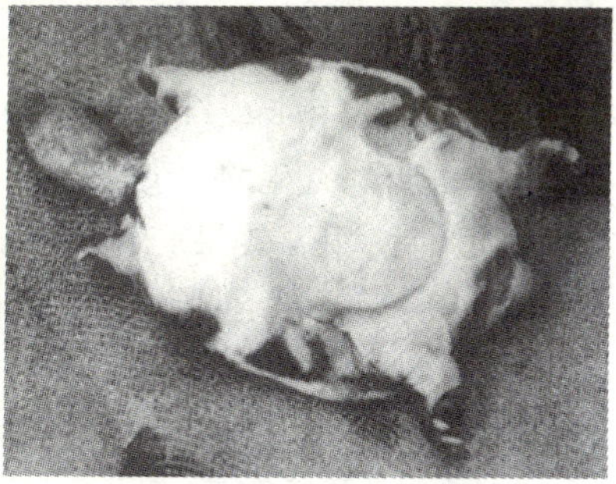

图 1-5 甲鱼白底板(1)

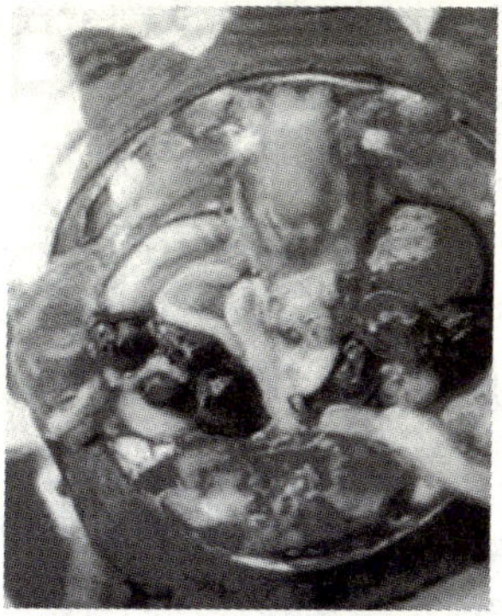

图 1-6 甲鱼白底板(2)

(1)病原性白底板　特征是甲鱼浮肿,打开腹腔,有大量的不能凝结的血水涌出,胆囊肿大,脾脏肿大有白点,在病症的早期,解剖能发现甲鱼的肠道壁血丝明显,类似肠炎特征,后期则呈无血色。这类病症的甲鱼一般会有口腔吐血的症状。

(2)药源性白底板　特征是肝脏破坏,严重肿大或缩小。肿大的肝脏呈现水肿样,有的呈现偏黄色;缩小的肝脏一般颜色呈现灰色,严重的呈现土绿色,是胆汁存积的特点。

(3)食物性白底板　特征是消化道(胃和肠道,特别是十二指肠位置)有穿孔或溃疡病灶,肠道坏死,肠道后段有黑色的血块。

甲鱼白底板病治疗措施:

(1)病原性白底板病　①内服:庆大霉素 3 g/kg、诺氟沙星 3 g/kg、电解多维 3 g/kg、维生素 K_3 3 g/kg、维生素 C 2 g/kg、保肝灵 5 g/kg、葡萄糖 8 g/kg,连用 5～7 d;7 d 后继续内服电解多维 3 g/kg、维生素 K_3 3 g/kg、维生素 C 2 g/kg、保肝灵 5 g/kg、葡萄糖 8 g/kg,连用 7 d。②外用:根据水质状况,采取部分换水及泼洒粒粒氧、底质改良剂、碘制剂等。

(2)药源性白底板　内服:电解多维 3 g/kg、维生素 K_3 3 g/kg、维生素 C 2 g/kg、保肝灵 5 g/kg、葡萄糖 8 g/kg、胆利平 2 g/kg、速效强肝宝(武汉金谷)3 g/kg。效果会比较缓慢,需要一个较长的护理过程。

(3)食物性白底板　内服:电解多维 3 g/kg、维生素 K_3 3 g/kg、维生素 C 2 g/kg、保肝灵 5 g/kg、产酶益生素 2 g/kg,同时应选用优质的饲料产品,减少冰鲜鱼的使用。效果会比较缓慢,需要一个较长的护理过程。

3. 水霉病

水霉病又称白毛病,病原为真菌,主要流行在春秋季节,水温 18～20℃时易发生。

症状:肉眼可见甲鱼四肢、颈部、尾部等处出现水霉,生长缓慢，防治方法：病甲鱼单独饲养，每天采用 2 mg/kg 高锰酸钾浸浴 5～10 min，连续 3 d，症状可以完全消除。

4. 腐皮病

病原：由嗜水气单胞菌、温和气单胞菌、假单胞杆菌等多种细菌引起。

症状：甲鱼须、尾、四肢、裙边出现表皮糜烂现象，严重时表皮烂掉，爪脱落，颈部肌肉、骨骼外露。

防治方法：除对池水全部用“二溴海因复合消毒剂”进行消毒外，将病鳖迅速隔离，每天用 1 mg/kg 聚维酮碘溶液浸洗 2～5 min，1 d 两次，7 d 为一个疗程，同时在饲料中投放药物蒽诺沙星（或氟苯尼考）和维生素 C，一般可痊愈。

5. 穿孔病

病因：病原有嗜水气单胞菌、普通变形杆菌、肺炎克雷伯氏菌、产碱菌等。

症状：发病初期，病鳖背腹甲、裙边出现一些白点或白斑，呈疮痂状，大小 0.2～1.0 cm，周围出血，揭痂见洞，内或可见出血现象。肠充血，肝灰色，病鳖行动慢，摄食明显减少。常可见与腐皮病并发。

流行及危害：危害各阶段的鳖，对温室幼鳖危害最大。发病期 4—10 月，5—7 月高发。流行水温 25～30℃。

防治：同“腐皮病”。

6. 疖疮病

病因：病原为点状水气单胞菌点状亚种。

症状：病鳖初期在颈、背腹甲、裙边、四肢基部长有黄豆大小的白色疖疮，后增大，表皮破裂。用手挤压可压出黄白色颗粒状或豆腐渣状、有腥味的内容物。严重时与穿孔病并发。口腔有黏液，肝暗黑、略肿大。

流行及危害：从稚鳖到成鳖均会受到感染。发病期 5—

10月,高峰期5—7月,流行水温20～30℃。

防治:①避免机体受伤;②水体定期用消毒剂消毒;③对病鳖病灶用金霉素涂抹;④投喂氟苯尼考和维生素C。

7. 纤毛虫病

由纤毛虫体寄生而发病,其病因是纤毛虫如聚缩虫、钟形虫等容易在水质偏瘦、透明度大的水体寄生,尤其是水泥池越冬水环境更适宜纤毛虫大量繁殖。稚甲鱼皮肤娇嫩,被纤毛虫附着上和水中有机质结合后在皮肤表面形成一个附着层,不易脱落。

外部症状:在四肢、甲壳和颈部好像附着绵状水霉。更严重的病情可以看到周身变白则是主要特征。饲育水呈"青粉"状态的时候,纤毛虫的内缩胞和柄染上了绿色,有时可以看到甲鱼周身呈绿色状态。

治疗:0.3 mg/kg硫酸锌全池泼洒,连用3 d。

二、无公害中华鳖病害防治药物及使用方法

1. 生石灰水

用途:改良水质、杀菌、杀毒。

用法与用量:30～35 mg/kg全池泼洒。

注意事项:不能与漂白粉混用。

2. 漂白粉溶液

用途:杀菌,防治腐皮病、疖疮病等细菌性的鳖病。

用法与用量:1～2 mg/kg全池泼洒。

休药期≥5 d。

注意事项:勿用金属容器盛装,勿与生石灰、铵盐混用。

3. 强氯精溶液

用途:杀菌,防治腐皮病,疖疮病等细菌性的鳖病。

用法与用量:0.3～0.5 mg/kg全池泼洒。

休药期≥10 d。

注意事项:勿用金属容器盛装,勿与生石灰、铵盐混用。

4. 高锰酸钾

用途:杀虫、杀菌,用于防治纤毛虫、腐皮等鳖病。

用法与用量:浸浴:10～20 mg/kg,15～30 min,全池泼洒:2 mg/kg。

注意事项:不宜在强烈阳光下使用,水中有机物含量高时药效降低。

5. 硫酸铜

用途:杀虫,用于防治纤毛虫等鳖病。

用法与用量:1～2 mg/kg 全池泼洒。

注意事项:勿用金属容器盛装。

6. 大蒜

用途:用于防治鳖细菌性肠炎。

用法与用量:拌饵投喂:10～30 g/kg 体重,连用 4～6 d。

7. 大蒜素粉(含大蒜素 10%)

用途:用于防治鳖细菌性肠炎。

用法与用量:拌饵投喂:0.2～0.3 g/kg 体重,连用 4～6 d。

8. 土霉素

用途:杀菌,用于防治鳖细菌性皮肤病和肠炎病。

用法与用量:拌饵投喂:80～10 mg/kg 体重,连用 5～7 d。

休药期≥30 d。

注意事项:勿与铝、镁离子及卤素、碳酸氢钠合用。

9. 复方新诺明

用途:杀菌,用于防治鳖细菌性腐皮病和赤斑病、疖疮病等。

用法与用量:拌饵投喂:100 mg/kg 体重,连用 5～7 d。休药期≥30 d。

注意事项:第一天用药量加倍。

第六节　典型案例

嘉兴市从20世纪80年代末开始甲鱼养殖，至今已近30年，期间涌现了不少依靠甲鱼繁育、养殖发财致富的典型，他们独创的养殖模式也带动周边农户一起发家致富，为我市渔业增产、渔民增收发挥了积极作用。

一、鳖鱼虾高效生态混养模式

嘉兴市秀洲区农业龙头企业——杨溪生态鳖有限公司（原嘉兴市油车港镇永惠养鳖场）一直致力于全面推广实施渔业标准化管理及产品质量安全体系建设，实施品牌战略，以品牌促生产、带销售。公司现有养殖面积209亩，采光大棚温室1 500 m^2 以上及完善的生产配套设施，主要从事中华鳖、太湖花鲭、河蟹、青虾、澳洲龙虾等淡水鱼虾养殖。自2004年起，公司经理费永根探索以鳖为主养、套养鱼虾的鳖鱼虾高效生态混养模式，试点面积11.3亩，总产鳖3 268.8 kg、鱼1 364.5 kg、虾48.6 kg，平均亩产鳖289 kg，实现总产值307 446元，亩产值27 207.6元，总利润90 674元，亩利润达到8 024元。该养殖模式为当地老商品鱼基地调整优化渔业结构、增加渔民收入闯出了一条新路。公司于2003年通过浙江绿色农产品和全国无公害农产品认证，养殖的生态鳖2005年被评为嘉兴市名牌产品。鳖鱼虾高效生态混养的主要养殖措施是：

（一）放养前准备

（1）池塘　选择避风向阳，环境安静，水质清新，进排水方便处开挖池塘，面积5～7亩、水深1.5～1.8 m、淤泥10～15 cm、坡度比为1∶2.5。老塘应清除池底淤泥，对池底进行曝晒后用生石灰消毒，亩均100 kg。

(2)防逃设施　在池塘四周设置高度为 45 cm 的花铅，用木桩固定，花铅底部埋入土中，转角呈圆角，接口处平整无缝隙，进排水口用铁丝网和聚乙烯网双层拦护。

(3)饲料台和晒背台　在池塘四周合理设置饲料台，每亩放宽 60 cm，长 100 cm 的食台板 3 m^2，在向阳、安静的池埂处搭建晒背台，按每亩 2 m^2 放置，晒背台用拱形毛竹架和聚乙烯网布制作。

(二)合理放养种苗

(1)鳖种放养　选择池塘培育的体质健壮、无伤残、行动活泼、反应灵敏、用手拉其后腿能有力缩回，裙边厚实、平直的 2 龄幼鳖 6 780 只，平均规格 230 g/只(建议放养规格 150～300 g/只，亩放养量 500～600 只)，放养时间为 4 月上中旬。

(2)鱼种放养　搭养白鲢苗种 450 尾、花鲢苗种 225 尾，草鱼苗种 110 尾、太湖花鳍冬片 560 尾，加州鲈鱼苗种 110 尾。

(3)青虾放养　以放养抱籽虾为主，放养时间在 4 月底和 5 月初，共放养抱籽虾 17 kg。

(三)科学的饲养管理

1. 投饲管理

养殖过程中喂养野生小杂鱼、虾、螺、蚬等鲜活饲料，在天然饵料不足或鳖种放养初期，投喂人工饲料，饲料应投喂在浮出水面的食台上。4 月下旬到 5 月底以投喂鲜杂鱼为主，选择下午 2～3 时投喂，投喂量按鳖体重的 1%～3%；6—9 月，每天投喂 2 次，上午 7～8 时，下午 4:30～5:30 投喂，每次投喂量控制在鳖摄食 1.5～2 h，鳖摄食低于 1.5 h 可适当增加，超过 2 h 应减少。投喂后尽量减少人员走动，让鳖在较安静的环境下摄食，10 月投食参照 5 月。

2. 水质管理

定期泼洒 15～20 mg/L 生石灰、2 mg/L 漂白粉，保证水质透明度在25～35 cm，溶氧在4 mg/L以上；养殖过程中移植水草如水花生、空心菜等，增强水体自净能力；通过混养吃食性鱼类和滤食性鱼类，及时清除中华鳖的残饵和粪便，合理控制浮游生物含量。此外在养殖过程中填加EM菌、枯草芽孢杆菌等生物制剂，净化池底，增加水体溶氧，减少疾病的发生，使养殖水体呈现良性循环，最大限度降低渔药的使用。

3. 日常管理

坚持每天早晚巡塘检查，注意观察鳖的摄食及活动情况、有无病害、水质是否异常等情况，检查各种设施是否完好。养殖过程中要勤除杂草、残饵及污物，清扫饲料台并及时消灭敌害。发现问题应及时备案并采取措施，做好养殖日志记录，以便日后总结和查找原因。

4. 病害控制

坚持"以防为主，防治结合"的原则，采取控制养殖密度，推广科学混养，合理使用生物制剂或中草药等措施控制病害的发生。科学调节水质，高温季节针对性添加高效低毒的中草药。平时每15～20 d用生石灰和二氧化氯及生物制剂等药物交替消毒一次，每月定期在饲料中添加复方中草药、维生素、益生素5～6 d，以增强鳖的抗病能力。发现病害立即查明原因，做到正确诊断，对症用药。

(四)起捕方法

鳖选择鳖枪、地笼、干池捕捞等方法，鱼、虾选择抄网、拉网、干池的方法捕捞。

二、池塘鱼鳖混养模式

鱼鳖混养就是把多种规格的鳖种投放到池塘中，进行鱼鳖同池养殖，以提高池塘养殖的综合经济效益。嘉善县丁栅镇渔民村的钱大弟，承包了5.9亩池塘进行鱼鳖混养，放养花白鲢350尾，黄颡鱼 100 kg(规格 8～10 尾/kg),鲫鱼和鳊鱼 200 尾,150～250 g/只的鳖 600 kg,250～400 g/只的鳖 900 kg,当年度总产商品花白鲢 1 500 kg,黄颡鱼 250 kg,鲫鱼和鳊鱼 750 kg,上市商品鳖 2 000 kg,存塘鳖种 1 500 kg,平均亩产鱼 423.73 kg,商品鳖 338.98 kg/亩。总产值 13.64 万元(其中商品鳖产值 12 万元),总成本 2.795 万元,其中鱼种成本 2 200 元,鳖种成本相抵扣,鳖饲料、鲜活饵料、鱼饲料、塘租金、水电费和渔药费等共计 2.575 万元,总收益 10.845 万元,亩收益达到 18 381 元。

前期主要是强化鳖种培育,稚鳖(50 g 以下)和幼鳖(50～250 g)培育在小池中进行,稚鳖池面积为 50～100 m^2,水深为 0.2～0.3 m,池底淤泥厚度 10 cm 左右;幼鳖池面积 200～500 m^2,水深 0.8～1.2 m,池底淤泥厚度 10～20 cm。经过 2～3 年培育,当鳖长到 150 g 以上,放到池塘中进行鱼鳖混养。

常规鱼鳖混养技术操作规范如下:

(一)池塘条件

进行鱼鳖混养,池塘条件要求较高,必须对池塘进行必要的改造。具体要求为:

(1)防逃设施　池塘内壁可用水泥薄板、水泥块石、砖瓦等材料护坡,加固加高塘埂池壁,防止鳖打洞逃跑;池壁顶须用水泥薄板或砖块向塘内加设“厂”形压扣,宽 10～15 cm。

(2)食台(晒背台)搭设　一般用竹片、网布或木板等材料制成,须浮于水面,既可作为鳖用食台,也可供鳖晒背或休息。

(3)池塘清整　在年末干塘后清除过多淤泥,保持 30 cm 左右厚度,并用生石灰消毒。池塘水深 2 m 左右为宜。

(二)合理放养

苗种是养殖的基础,是影响池塘养殖效益高低的关键因素之一,苗种放养要根据市场供求变化,及时合理调整品种结构,抓好放养时间、规格、数量三要素。

1. 鱼种放养

鱼种放养基本按池塘常规方法进行，因鳖与青鱼、鲤鱼食性相近，均喜食螺、蚬等鲜活饵料，要求鱼鳖混养池塘尽量少放或不放青鱼、鲤鱼，适当增加鲫鱼、草鱼或黄颡鱼、白鱼的放养量。

2. 鳖的放养

(1)放养时间　考虑鳖种来源及生长季节，要求最迟在 6 月底前结束放养，放养鳖种要求体质健壮，外表无伤。

(2)鳖种消毒　鳖种无论自育或从市场购买，在放入池塘前均需做好消毒工作，一般采用 4%食盐水或 20 mg/kg 高锰酸钾浸泡鳖种消毒，以杀灭鳖种体表病菌，隔绝病源传播。

(3)放养密度和规格　鳖种放养密度和规格直接影响池塘鳖产量和效益。一般情况下，放养 150～200 g/只的鳖种，不加投鳖饲料的池塘，水深 1.5 m 左右，亩放鳖应控制在 60～80 只，亩产量 50 kg 以内；加投鳖饲料的池塘，水深 1.5 m 左右，亩放鳖应控制在 400 只左右，亩产量 200 kg 以内。

(三)日常管理

1. 投饲管理

在低密度的鱼鳖混养池内，除增放部分鳖种养殖外，饲料等基本同原鱼池；在鳖亩产超过 30 kg 的混养塘内，应加投动物性鳖饵料(如小鱼、蚕蛹、动物下脚料等)，鳖食台与鱼食台需分开设置，实行“四定”投饲。自 6 月中旬至 9 月底，每天投放螺蚬于池塘固定处，自 4 月底至 9 月底，每天增投适量动物性饲料于鳖食台，投饲量以当天吃完为标准。

2. 水质管理

平时常加注新水，开动增氧机，每月泼一次生石灰，用量为每亩 20～30 kg，改善调节池塘水质，防止鱼病发生。

3. 防逃防偷

一般做到专人日夜值班看护，防止偷钓逃发生。

(四)捕捞方法

池塘平时多次拉网易损伤鳖，影响鳖的生长，因此，一般采用年底一次性干塘捕捞。干塘时间应选择晴暖无风天气，可提高鳖的回捕率。鳖的起捕采用干塘徒手捕捉 2～3 d，捕起的鳖集中放在盛有淤泥的容器中，防止相互咬伤，然后按规格大小分类处理。

三、虾鳖混养生态养殖模式

池塘虾鳖混养生态养殖技术通过不同养殖品种之间的食性关系和互补性，充分利用了养殖池塘的水体空间，最大限度地提高了单位面积的产出率。各地的试点验证，虾鳖混养池塘每亩净利润可达 6 000～10 000 元。浙江盛旭水产养殖有限公司为我市水产规模化养殖企业，重点引进推广了虾鳖混养技术模式，高标准养殖塘总面积 374 亩，2012 年生产中华鳖 124 t，南美白对虾 140 t，总产值 1 032 万元，总利润 341 万元，亩均效益 0.91 万元。

(一)技术特点和主要做法

1. 技术特点

虾鳖混养生态养殖模式充分利用池塘水体空间(图 1-7)。鳖的残余饵料能被南美白对虾摄食，进一步节约了养虾的投饵成本，减少了残饵对水质的不良影响。由于健康南美白对虾行动较为迅速，不易被鳖捕食，而发病虾由于其行动迟缓，会被鳖捕食，进而起到清除病虾、生态防病的作用。因此，在生产南美白对虾的池塘适量养殖中华鳖，能提高饵料的利用率，改善水质，还能防止南美白对虾的疾病暴发，可以大大提高养殖效益。该技术模式生产设施改造简单，技术操作简便易行，较适合于南美白对虾养殖池塘中推广和应用。

图 1-7　虾鳖混养生态防病技术模式现状图

2. 主要做法

选择在常规南美白对虾池塘的基础上，在塘的四周设防逃设施(图 1-8)，并放养虾苗；选择健康的中华鳖进行套养。管理方式以南美白对虾养殖管理方法进行，并在此基础上增加鳖的投饲管理，投饲时先投虾饲料后投鳖饲料。

图 1-8　甲鱼池塘防逃设施

(二)关键技术

1. 防逃设施和投料台的设置

在南美白对虾养殖池塘周围用高度为70～80 cm的石棉瓦、塑料板等做好防逃设施。投料台采用无底围网结构,先用4根木桩做固定,再用网片围住这4根木桩,形成一个长方形的筒体(面积约2 m×4 m或2 m×6 m),投料台的顶部、底部都是开口的,鳖可以从底部钻入投料区摄食饲料。

2. 苗种放养

在苗种放养前,先按南美白对虾的养殖技术进行清塘消毒、培育好池塘水质,池塘水位一般控制在80 cm左右。南美白对虾苗可在5月中、下旬视天气状况放养。鳖种可选择在5月底6月初连续3 d以上晴天时投放入池。放养的鳖种一般为温室鳖,规格以0.25～0.5 kg/只为宜。温室鳖翻入池塘中养殖,须做好放养的鳖从高温到低温的适应性锻炼,一般鳖在出温室前半个月开始降温并减食、前三天停食,放养时鳖的体温与池塘水温要大体保持一致。鳖投放前宜参照相关养殖标准进行药浴消毒。南美白对虾放养密度3万～4万尾/亩,鳖200～300只/亩。

3. 日常管理

日常管理一般可按南美白对虾养殖管理方法进行,并在此基础上增加鳖的投饲管理,投饲时先投虾饲料后投鳖饲料,一旦发现南美白对虾发病就要减少鳖饲料的投喂,以促使鳖多吃些病虾,阻止病虾的传染。养殖水位前期控制在0.8～1.2 m为宜,以后视情况逐渐加高水位至1.5 m以上。

目前,池塘虾鳖混养生态养殖模式主要有以下3种混养模式:

(1)以养殖南美白对虾为主,鳖为辅。亩放养南美白对虾6万尾左右,鳖100～200只。

(2)以鳖养殖为主,南美白对虾为辅。亩放鳖500～600只,南美白对虾 2 万～3 万尾。

(3)鳖与南美白对虾养殖并重。亩放鳖 200～300 只,南美白对虾 3 万～4 万尾。

养殖户可根据各自的池塘条件和养殖习惯选择适宜的混养模式,需注意的是:鳖放养密度低于 100 只/亩的,控制虾病发生的作用可能不明显;另一方面如果鳖放养密度超过 800 只/亩的,将会严重影响南美白对虾的生长。

第二章

南美白对虾养殖技术

第一节　生物学特性

一、栖息活动

在天然海域中，南美白对虾栖息在水深1～72 m，水温25～32℃，盐度28‰～34‰的海区，小虾则喜欢在饵料丰富的河口区觅食生长，经数月生长，至成虾时到离岸较远、水深70 m左右的海区生活，在那里成熟、繁衍。幼体发育成仔虾后向河口、港湾迁移。白天多匍匐爬行或潜伏在海底，夜间则活动频繁。

南美白对虾养殖彩图

二、对水环境变化的适应能力

(1)耐干力　南美白对虾耐干力较强，可以较长时间离水而不死。体长2～7 cm的幼虾(气温27℃)，在湿手巾包裹下，24 h以后的存活率为100%。

(2)耐盐性　南美白对虾具有广盐性的特点，在盐度为 0～35‰ 的水域中均能正常生长，从海水孵化场购进的仔虾经逐步淡化后能很快适应在淡水中生长。

(3)耐温性　南美白对虾在温度逐渐变化的条件下，可耐受限为 9～43.5℃，但在水温骤降 12℃ 也可造成死亡，其最适生长温度为 25～32℃。

(4)对溶解氧的要求　南美白对虾正常生存需要较高的溶解氧，一般要求溶解氧大于 4.0 mg/L。不同体长的个体对耐受低氧的程度有所差异，个体越大，耐受低氧的能力越差。养殖生产中溶解氧切勿低于 2 mg/L，特别是当对虾蜕皮时，对溶解氧的需求较高，否则不能顺利蜕壳，甚至死亡。

(5)对 pH 的适应　南美白对虾适于在弱碱性水中生活，pH 7.5～8.5 较为适宜，其耐受程度在 7～9。低于 7 时会出现个体生长不齐，主要是影响蜕壳和生长。

(6)应激反应　南美白对虾较易产生应激反应，特别在高温季节，虾体长 6 cm 以后易受惊吓，会出现痉挛死亡。

三、食性

在自然条件下，南美白对虾属杂食性虾类，偏向肉食性，以小型甲壳类、贝类及多毛类等小动物为食。南美白对虾具有昼夜摄食的特点，耐饥饿能力也很强，可以在停食的情况下存活 30 d 左右。

四、蜕壳与生长

南美白对虾的生长与变态发育总伴随着幼体的不断蜕皮和幼虾的蜕壳而进行的。在南美白对虾的一生中，进行 50 余次的蜕壳，刚蜕壳的虾身体虚弱无力，不进食，此时最容易受到敌害或同类的攻击。通常，1～3 g 的幼体大约只需数小时新壳就会变硬，而大虾则需要更长时间。

对虾的蜕壳主要受体内内分泌激素调控，此外也受环境因子及营养条件的影响，营养充足、低盐度及高水温会增加蜕壳频率，养殖环境的突然变化或某些化学药物的使用也会刺激蜕壳。南美白对虾仔虾阶段在28℃水温时，30～40 h蜕壳一次，1～5 g的幼虾4～6 d蜕壳一次，而15 g以上的虾约2周蜕壳一次。就群体而言，蜕壳具有明显的与潮汐有关的周期性，大潮期蜕壳较多。

南美白对虾生长速度较快，在适宜条件下完成从无节幼体期、蚤状幼体期、糠虾幼体期到仔虾期的变态和发育仅需12 d左右，仔虾期再经12 d培育，体长就可达1.1～1.2 cm，生产中经80～90 d养殖，虾体规格可达12 g。

五、繁殖习性

南美白对虾的繁殖季节长，在人工培育环境，只要条件适宜，周年皆可繁育。雌虾无纳精囊，属开放性纳精类型。雌虾头胸甲沿身体的背面有明显的橘红色巢腺，雄虾第五步足基部的一对白色精荚贴近生殖乳突，用手轻压，可见精荚松动，这标志着亲虾已经成熟。成熟雌雄亲虾在产卵前2～12 h交配，雄虾精荚粘贴在雌虾第4～5对步足。

一尾亲虾一年可产卵十多次，每次产卵10万粒左右。在水温28～31℃、盐度29‰的条件下，从受精开始到孵化只需12 h。刚孵出的幼体为第Ⅰ期无节幼体，经6次蜕皮后变态为第Ⅰ期蚤状幼体。蚤状幼体蜕皮3次后进入糠虾期，糠虾幼体再经3次蜕皮变态为仔虾。这一变态过程需要经历12次蜕皮，历时约12 d。

第二节 养殖品种概况

南美白对虾（*Penaeus vannamei* Boone）学名凡纳对虾，属节

肢动物门甲壳纲十足目游泳亚目对虾科对虾属滨对虾亚属，是广盐性热带虾类。外形酷似中国对虾、墨吉对虾，平均寿命至少可以超过 32 个月。成体体长可达 24 cm，甲壳较薄，正常体色为浅青灰色，全身不具斑纹。

南美白对虾原产于美洲太平洋沿岸水域，主要分布秘鲁北部至墨西哥湾沿岸，以厄瓜多尔沿岸分布最为集中。与斑节对虾、中国对虾同为世界三大优良对虾养殖品种。

作为世界性的养殖对象，南美白对虾具有个体大、生长快、营养需求低、抗病力强等优点，对水环境因子变化的适应能力较强，对饲料蛋白含量要求低、出肉率高达 65%以上、离水存活时间长，又适宜于加工和出口，是集约化高产养殖的优良品种(图 2-1)，也是目前世界上三大养殖对虾中单产最高的虾种。

图 2-1　南美白对虾

1988 年 7 月，南美白对虾由中国科学院海洋研究所从美国夏威夷引进我国，人工繁殖获得成功之后，1998 年开始在我国许多沿海省市推广养殖。2000 年逐步向着淡水养殖方向发展，目前已成为我国主要养殖虾种。

嘉兴市于 1997 年在平湖市率先引进南美白对虾养殖，2001

年开始在淡水水域发展，至2015年养殖面积达2 333 hm^2，产量7 290 t，产值29 000万元，在平湖、海盐、海宁、嘉善、秀洲等地全面推广。南美白对虾的引进与推广，不仅使其成为本地对虾养殖的主导产品，而且一举成为水产养殖优势产业之一，在从未开展过对虾养殖的淡水流域发展迅速，是继罗氏沼虾、甲鱼之后，渔业结构调整和效益农业的亮点。

第三节 养殖方式

目前南美白对虾的养殖方式以精养、生态养殖为主，按照水域特点和养殖模式可分为：海水池塘养殖、咸淡水池塘养殖、淡水池塘养殖、塑料大棚设施化养殖。

一、海水池塘养殖

海水池塘养殖以南方省份高位池精养为主，池塘面积一般0.133～0.333 hm^2，水深2 m以上，池底呈锅底形，池底、池壁上铺设黑色防渗塑料薄膜。池塘不设进、排水闸门，用大口径PVC管子进水，塘底中央设排污口，连接埋设在塘底的PVC排污管，池塘按每亩1.5 kW配备水车式增氧机，开机时能使塘内水体旋转，促使残饵、排泄物等污物集中到池底中央排污口附近，及时排出塘外。这种养殖方式具有清塘排污方便彻底，有利于水质管理，养殖密度大、产量高、效益好，单茬亩产达1 000 kg。浙江气候较南方省份低，海水池塘精养一般一年养殖一茬。

二、咸淡水池塘养殖

在江河入海口的海湾、河口地带为咸淡水地区，自然海区盐度在8‰～12‰，在围涂内可开塘开展咸淡水池塘养殖，主要采用一次性放足海水，养殖过程添加海水或淡水，少量换水，投放有益微生物制剂等技术措施，平均亩产量在 300～600 kg。

三、淡水池塘养殖

内陆淡水地区通过在塘内设置暂养区，配制人工海水逐级淡化虾苗后，再放养到淡水池塘中养殖。养殖中采用的技术措施与咸淡水养殖方式基本相同。平均亩产在 250～400 kg。

四、塑料大棚设施化养殖

利用塑料大棚的保温性能，开展 2～3 茬对虾高密度精养，并通过合理安排放养时间、密度，能在 5—6 月、11—12 月的销售淡季及 1—2 月的春节期间，提供鲜活商品虾，可获取较高的利润。大棚构建有钢架大棚（图 2-2）、钢丝大棚（图 2-3）等，池塘有土池、水泥池、铺膜池，面积 0.133～0.8 hm^2，池底铺设底部增氧设施，用鼓风机等增氧。通过适时覆膜密封保温和开门通风，调节棚内温度。采用池塘精养模式，亩产量在 1 000～2 000 kg。

图 2-2　连体钢架大棚

图 2-3 连体钢丝大棚

第四节 淡水池塘养殖技术

一、淡水养殖池塘条件

(一)成虾养殖池塘要求

嘉兴区域南美白对虾养殖主要是淡水池塘养殖,淡水养殖池面积一般均小于海水养殖池,这主要考虑内陆地区池塘与排水渠的落差较小,捕虾时很难以拉闸排水的方式进行张网捕捞。故养殖面积过大的话,捕捞和管理均有不便。常见的塘口面积一般在 0.133～0.533 hm^2,池深 1.5～2 m,水深可保持在 1.3 m 以上,并有完善的进、排水系统。池塘形状多呈长方形,长宽比为(2～3)∶1。池坡不应太陡,坡比为 1∶(2.5～3.0)。池底平坦且向排水口倾斜,便于放干池水(图 2-4)。为减少虾病的发生,池底的淤泥要尽可能少些,一般以不超过 10 cm 为宜。池塘进水管上套 60 目以上筛绢网袋,排水口设置拦网,以防止野杂鱼顶水进入养殖池中。养成池应配备增氧设备,土池可用增氧机,设施大棚池可增设底部增氧设施。

图 2-4 平湖市标准化水产养殖塘

河水、湖水等作为养虾的水源，水质要求：氨氮≤0.2 mg/L，亚硝酸盐≤0.01 mg/L，铜离子≤0.01 mg/L，锌离子≤0.01 mg/L，铅≤0.05 mg/L，铬≤0.1 mg/L，pH 7.5～8.5，溶解氧 5 mg/L 以上，并且不受农药、工业废水和生活污水的污染。如果氨氮与亚硝酸盐含量偏高，可用 10～40 mg/L 复合型生物制剂进行水质处理，可使水质达标。

(二)虾苗暂养池的主要形式

虾苗暂养是淡水养殖南美白对虾初期的一个特殊养殖过程，主要目的是使虾苗从海水生态环境转向淡水生态环境进行过渡，使虾苗在放养初期逐渐适应淡水的养殖环境。暂养池一般建在养成池的一侧，面积占整个养成池的 1/15～1/10，水深在 0.8～1.2 m，将水体配成与育苗场出苗时相同的盐度，并配好增氧充气设施。常见的形式有：

1. 大棚土池暂养

在养成池的一侧近进水端开挖一个沟形小池，用开挖出的泥土垒成池堤，设进、排水口，池深 1～1.2 m，池宽 6～8 m，长度视实际情况而定，一般 30～60 m，池上搭建简易大棚保温。大棚在水温较低的 3—4 月使用，有利于延长全年对虾的养殖期，可安排两茬养殖。暂养结束时，放水出苗分养到养成池。

2. 塑料薄膜拦养

用廉价的塑料薄膜作为隔水材料，在养成池的一边拦出一块区域作为暂养池，进行虾苗暂养同样可以取得较好的养殖效果，暂养池面积按放养 1 000～5 000 尾/m^2 虾苗来确定。该方法简便易行，适合在外界水温达 20℃以上的季节使用。暂养期通常较短，多数为 10～20 d，经过逐步淡化，当虾苗适应了池塘的生态环境后，撤除围栏的塑料薄膜，虾苗即可进入养成池中生长。设置塑料薄膜时，薄膜下端必须进入泥中，并用竹桩将塑料薄膜垂直固定在水中，注水时暂养池和养成池的水位保持一致，使薄膜在水中能够保持平衡。

二、虾苗放养前的准备工作

虾苗放养前，养成池和暂养池都必须完成池塘消毒和培育水质等基础工作后才能放养虾苗，而且操作方法和要求比养鱼池的清塘方法更为严格。

1. 池塘清淤及消毒

池塘清淤和消毒，是南美白对虾养殖前准备工作中的重要环节，其主要包括池底曝晒、清除淤泥、修整池堤、杀灭病菌、清除敌害生物和改良池塘底质。

虾塘收获后，要将养成池、沟渠等积水排干，封闸晒池，整修塘埂、塘底、闸门，并清除池底的污染物。池中淤泥较厚时，待池底晒干后用机械等将淤泥移出池外，淤泥较少时，待池底晒干龟裂后翻耕再晒，促进有机物分解。池底经 1 个月以上曝晒后，底泥中的有机质可以得到充分的分解和转化，

清淤整池后的池塘，还须进行药物消毒，清除虾池内的敌害生物、致病生物及携带病原的中间宿主。药物清塘的时间一般在放养前 30 d。目前，生产中常用清塘消毒药物有生石灰、含氯消

毒剂(漂白粉、漂白精、二氯异氰尿酸钠等)、茶籽饼、鱼藤精等。消毒方式常用干法清塘,进水充满池底,水位约 10 cm,如果是酸性底质,pH 偏低,应选用生石灰消毒;而碱性底质,pH 偏高,则选用含氯消毒剂消毒。生石灰用量为 1 125～2 250 kg/hm^2,漂白粉用量为 75～112.5 kg/hm^2(漂白精、二氯异氰尿酸钠用量减半),把消毒药物化水后全池均匀泼洒,包括水位线下的塘坡都要泼到。

池塘如有泥鳅等杂鱼,可用茶籽饼或鱼藤精进行清除,茶籽饼粉碎后用水浸泡一昼夜,稀释后连渣全池泼洒,用量 600～750 kg/hm^2。鱼藤精每立方米水体用量 2 g。

若是池塘甲壳类动物较多,可用敌百虫杀灭水中甲壳类动物,干法清塘时(池水浸没池底)晶体敌百虫用量 3 kg/hm^2,带水清塘时(以水深 1 m 计)用量 22.5～30 kg/hm^2。清除克氏原螯虾时,可将晶体敌百虫配成 10 mg/L 浓度的水剂往螯虾洞穴灌注。

上述几种清塘方法,生产中可按不同时间间隔和不同顺序分先后使用,以达到理想的清塘效果。参考用量见表 2-1。

表 2-1　常用清塘消毒药物使用方法

渔药名称	用法与用量	注意事项
生石灰	1 125～2 250 kg/hm^2	不能与漂白粉、有机氯、重金属盐、有机络合物混用
漂白粉	75～112.5 kg/hm^2	1. 勿用金属物品盛装 2. 勿与酸、铵盐、生石灰混用
二氯异氰尿酸钠	5～10 mg/L	1. 勿用金属物品盛装 2. 勿与其他消毒剂混用
茶籽饼	水深 1 m, 600～750 kg/hm^2	粉碎后用水浸泡一昼夜,稀释连渣全池泼洒。用于清除鱼类
鱼藤精	2 mg/L	用于清除鱼类
晶体敌百虫	水深 0.1 m,3 kg/hm^2; 水深 1 m,22.5～30 kg/hm^2	用于清除甲壳动物

2. 虾池进水、培育基础饵料生物

清塘消毒结束后，在虾苗放养前 20 d 前进水 50～60 cm，为防止敌害生物随水流入池中，进水时必须用 60 目以上的袖状筛网过滤进水，并培育基础饵料生物。

浮游动物和浮游植物是虾苗的适口饵料，培养基础饵料生物，是提高虾苗成活率的重要技术之一，是对虾养殖过程中极其重要的环节，它关系到养虾的成败。

南美白对虾肥水时间应在放苗前 20 d 左右进行：使用无机盐类肥水，肥水初期水体酸碱度升高，有时达 9.5，但肥水后 15 d 左右，酸碱度逐日下降，到 20 d 左右达 8.3，最适对虾生长，此时放苗最好。

肥水物质以完全溶解于水、不残留为原则，有机肥经发酵消毒后才能使用，其肥效较慢但持久，适合用于新开虾塘；化肥肥效快，适合用于老塘。有机肥用量一般为 3 000～4 500 kg/hm^2。化肥用量，尿素为 75～120 kg/hm^2，过磷酸钙用量是尿素的 1/4。值得注意的是，鸡粪、米糖、菜饼等有机物，尽管在肥水过程中起一定作用，但不能完全溶解于水，其弊大于利，长时间残留在塘内会腐败变质，污染底质、水质。

使用无机盐类施肥应在晴天上午，将肥水物倒在船上加水溶解，尽可能多加水，最好分多次进行，有利于泼洒，这样到下午 4 时左右，水色和透明度会明显改变，水色变为褐色或绿色，透明度达 40～50 cm，到次日基本达到要求。若施肥后透明度仍较高，应立即补施肥，透明度在 20 cm 左右最好。

3. 暂养池的供气

按每平方米 1.5～2 W 的功率设置气泵，每 2 m^2 设置一个沙滤气头，气头采用悬挂的方式，距池底 5～10 cm，防止充气时搅混水质。

4. 盐度调节

暂养池进好淡水后，需加盐卤或海水晶调节盐度。塑料薄膜拦养时，把拦养区盐度调至与育苗场出苗池盐度基本一致。大棚土池暂养时，进水前用塑料薄膜把暂养池隔成两段，进水后在一格内调整好盐度。如配制人工海水，2‰浓度人工海水的配方为：1 m^3 水体加粗盐 1.7 kg、硫酸镁 0.5 kg、氯化钙 0.06 kg、氯化钾 0.03 kg。生产中可根据所需要配制的盐度加倍用量。

暂养池调好盐度后会出现池内藻类不耐盐度而死亡现象，需要及时施用底质改良剂如过氧化钙或有益微生物制剂 EM 原露、芽孢杆菌改善底质。

5. 试水

试水的目的是测定水质状况是否适宜南美白对虾虾苗生长，是否适宜放苗。有条件时可取些准备放养的虾苗，放在池中预先设置的小网箱中 24 h，或者带部分准备放苗的池塘水到育苗场试苗，取些准备放养的虾苗试养 24 h，若基本存活，则可放养，若死亡超过 10%，则说明水质或虾苗有问题，应找出原因并将问题解决后再试，没问题了才可放养。

三、虾苗的选购及运输

1. 虾苗选购

进购虾苗可选择仔虾 5～6 期未淡化苗或仔虾 10 期以上淡化苗（图 2-5）。仔虾 5 期苗开始进入底栖附壁生活，体长达 0.5 cm，育苗池盐度调至 20‰左右。仔虾 10 期苗体长达 0.7 cm 以上，经淡化盐度降至 7‰以下。出池仔虾个体应大小均匀、体色透明、体表干净、无损伤和畸形、肠胃饱满、活力强，并经检测无特定病原，出池前 3～5 d 逐渐降低育苗池水温至常温。

图 2-5 虾苗选购

2. 虾苗运输

采用双层聚乙烯袋充氧装箱运输，15 L 容量的袋内装与出池水盐度相同的净水 1/3，充氧 2/3，每袋装苗 13 万尾。从海南、广东等地购苗，虾苗出池前务必联系好航班，确保运输时间控制在 10 h 以内。

四、虾苗暂养

1. 虾苗放养

南美白对虾苗运至养殖场后，先放入暂养区或暂养大棚池中进行适应性培育，经 20 d 左右暂养，再转入大塘饲养。

放苗时，虾池水温确保 22℃以上，与虾苗培育池水盐度差应小于 1‰。暂养池 pH 为 7.8～8.6，与苗袋内 pH 差不超过 0.3。避免在大风、暴雨天时放苗。

虾苗入池前应进行缓苗处理。先将装苗袋均匀地放到暂养池里浸泡，目的是让袋里的水与池水的温度基本上保持一致，最后在苗袋水温与池水水温相差不超过 2℃时，逐个将苗袋的口子打开，让池塘水慢慢流入虾苗袋，然后慢慢提起袋角，让袋里的虾苗自己游到池塘里，这样反复几次，直至把虾苗全部放出。

2. 暂养管理

放苗后的第二天，即可投喂饲料，饲料用营养全面的配合饲料。投放5～6期仔虾苗时，开始投喂虾片或幼虾“0#”饲料，饲料粗蛋白含量不低于48%；第7～15天，投喂直径0.5 mm的破碎状饲料；15 d后，投喂直径0.5～1.0 mm的破碎状饲料，饲料粗蛋白含量在42%～45%，用温水调匀后全池泼洒投喂。开始每天投饵量为每万尾虾苗投20 g，分5次投喂。投喂时间为：6时、9时、13时、16时、20时。投喂量以每天增加10%的比例逐日递增。每天检查虾苗吃食和生长情况，及时更换相应规格饲料，保证幼虾摄食的适口性及营养要求。

放苗后第二天，每天加适量淡水逐步淡化，实践证明在20‰以上的盐度范围里，仔虾能承受的变化范围可达6‰～7‰；盐度10‰～20‰内能忍受的盐度梯度变化范围为4‰～5‰；盐度10‰以下能忍受的梯度范围在3‰以内；尤其是在苗池盐度5‰以下，所能忍受的盐度变化幅度为1‰～2‰。因此，仔虾的淡化过程决不能操之过急。具体操作如下：每日淡化1～2次，在20‰以上时每次淡化2‰～3‰；在10‰～20‰时每次淡化1‰～2‰；在10‰以下时每次淡化不超过1‰为宜。通过这种梯度来淡化，保证苗种淡化成活率及苗种质量。由于虾苗用于淡水养殖，一定要将暂养池盐度降到0.5‰。注意调整池水温度、pH和水色，淡化期间大棚暂养池覆盖薄膜保温，当水温低于20℃时用电热棒加热升温，全天开启增氧泵，保持溶解氧5 mg/L以上，淡化10～15 d后，撤掉大棚内分格薄膜，把虾苗疏养到整个大棚暂养池中继续培育。虾苗长至2.5～3 cm时，大棚暂养池可放水出苗分养到养成池。塑料薄膜拦养的，在围栏的薄膜上划开若干缝至池底，7～8 d后拆除围栏。

五、成虾养殖

1.暂养虾分养

淡水成虾分养要求养成池水温达22℃以上，本地时间第一茬选择在4月下旬、5月初开始分养，第二茬在第一茬起捕后分养，并根据养殖模式、养殖技术确定适宜的放养密度。本地单养一般每亩放养2.5万～6万尾，体长1 cm的虾苗每亩放养5万～6万尾；体长2.5～3 cm的虾苗，成活率高，每亩放养2.5万～4万尾。其中单茬养殖周期长，放苗量可高些；两茬养殖，每茬养殖周期短，每茬放苗量要低些。多采用一次放足、分批捕捞上市的养殖方式，以获取较好的养殖产量和养殖效益。

2.饲料投喂

(1)饲料的选择　饲料以全价配合饲料为主，幼虾阶段(体长3～5 cm)，饲料的蛋白含量应在38%～40%，使用破碎状颗粒饲料；养成虾阶段(体长5～12 cm)，饲料蛋白含量应在36%～38%，使用圆柱形颗粒饲料。养殖中后期，饲料中应添加维生素C、免疫多糖、大蒜素等防病、提高免疫力的制剂。

(2)饲料投喂方法　一般每天投喂3次，时间为6时、12时、17时，沿距塘边四周1.5 m处均匀投喂，其中6时投喂量占全天投喂量的30%，12时占10%，傍晚17时占60%。投喂区设2～4个四角形小吊网食台，以检查虾吃食情况，决定增减投喂量。

(3)投喂量　虾体长3～5 cm阶段，每天投喂量为100～200 g/万尾。长至5 cm以上后，日投饵率以虾存塘量的3%～8%为宜，开始为存塘量的8%，以后逐渐下降，至体长10 cm以后日投饵率为虾存塘量的3%，并根据摄食情况、水温、天气情况、池水水质状况确定当日投喂量。投喂1～1.5 h后通过检查食台残饵和对虾饱胃情况调整投喂量，正常情况下对虾饱胃率达70%～80%为宜。注意天闷、阴天、小雨减料少投，台风、大雨时停料不投，水温低于 18℃或高于 33℃时减少投饲量，水体有泡沫或有异味、倒藻等水质不好时停料，早晚 pH 变化值低于 0.6 表示藻类光合作用弱，应减料或停料，对虾大量蜕壳的当日少喂，蜕壳一天后足量投喂。

3. 水质调控

养殖水质要求保持黄绿色或黄褐色，透明度前期 30～40 cm、后期 40～50 cm，pH 7.8～8.6，并且早晚变化不低于 0.6，溶解氧在 4 mg/L 以上，氨氮 0.5 mg/L 以下，亚硝基氮 0.02 mg/L 以下，硫化物 0.1 mg/L 以下。可通过以下几方面措施来调控：

(1)添水及换水　虾苗放养后，前期以添水为主，每天添加 3～5 cm，直到水位达 1 m 以上，并保持水位。养殖中后期，视水质情况，酌情换水，采取少换缓换方式，排出底部旧水，每次换水量不超过 20%，以确保水质良好，并保持水位 1.3 m 以上。

(2)化学调节　每隔半月，全池泼洒生石灰乳液，生石灰用量 75 kg/hm^2(以水深 1 m 计)，调节池水 pH，补充水体钙质，可与二氧化氯(用量 0.1～0.2 mg/L)、二溴海因(用量 0.1～0.3 mg/L)交替使用，消毒水体，同时，根据水质情况不定期使用沸石粉(干撒 300～450 kg/hm^2)，吸附氨氮、硫化氢等代谢废物，改善底质、稳定水质。

(3)增氧措施　虾塘每 0.133 hm^2 需配备一台 1.5 kW 的增氧机，增氧机种类有水车式、叶轮式、管道式等，不同种类增氧机可合理搭配。养殖期间根据溶解氧需要，合理开动增氧机，使池水溶解氧不低于 4 mg/L。开始时在正常情况下晴天中午开机 2 h，黎明前开机 2～4 h，以后逐渐增加开机时间。特别是阴雨天、高温季节，最容易发生缺氧浮头，需持续开机增氧，同时施用过氧化钙等增氧剂补充增氧。

(4)使用有益微生物制剂　养殖中随着投饵量的增加，虾塘残饵、排泄物等不断增加，水质变浓，氨氮、硫化氢等有害物质逐渐增多，可定期 10～15 d 使用一次有益微生物制剂分解虾塘残饵、排泄物及其他有机物和无机物，使水质得到改善。同时利用细菌之间的拮抗作用，培育优势的有益菌群抑制有害菌群的繁殖，达到预防疾病的目的。常用的有益微生物制剂有光合细菌、芽孢杆菌、硝化和反硝化细菌、复合菌群(如 EM 菌)。

光合细菌能消除水体和底泥中氨氮、硫化氢、有机酸等，宜在晴天，水温在 20℃以上使用，可全池泼洒，也可拌入沸石粉中遍撒，用量 5～10 mg/L。

芽孢杆菌中常用的枯草芽孢杆菌在水中能迅速繁殖，分解大分子有机物，硝化氨类，调节水体菌相和藻相平衡。使用前要用 40～50 倍的水充分稀释冲气活化 2～4 h，然后全池泼洒。使用前须开增氧机 30 min 以上。首次用量 3～4.5 kg/hm^2，连续使用 1.5 kg/hm^2。

硝化细菌能吸收利用水体中的亚硝酸盐，将其转化为硝酸盐等无害物质；反硝化细菌能吸收利用水中的亚硝酸盐，将其转化为氮气等无害物质。但因为其生长繁殖速度慢，要 20 h 以上才能繁殖一代，投放到水体后的成活率受水体环境等各方面影响，造成了硝化和反硝化降解亚硝酸盐不理想，只能起到预防和缓解作用。所以硝化菌的使用一要早用，亚硝酸较低时使用有效果；二要多次(间隔 3～5 d)使用；三要晴天上午使用，强光照对硝化菌活性有影响。施用后要开机增氧，结合人工水草技术可起到长效效果。

复合菌中的代表品种有 EM 原露，是由光合细菌、乳酸菌、酵母菌、放线菌等五类 10 多属 80 多种有益微生所构成，即有嫌气菌和好气菌，能分解多种有机物并抑制病原菌。EM 原露全池泼洒时每亩用量 1～2 kg，使用前进过活化后效果更佳，方法为 EM 原露 1 kg、红糖 1 kg、井水 10 kg 在干净非金属容器中密闭活化 3 h，再稀释使用。活化液在防污染条件下，可保存 1 个月。EM

原露对紫外线敏感，使用中避免阳光直射，宜在早晚和阴雨天使用，保管也宜在阴凉干燥地方，保管期宜短为好。

有益微生物制剂净化水质和改良底质的功效已经被生产实践所证明，但在使用时应注意：先用消毒剂处理水质，杀灭有害细菌；3 d后再用微生物制剂改良水质；使用后不久不宜消毒，以免造成失效；当虾塘有益微生物制剂生物活性下降时应视水质予以补充更新，使有益菌保持一定的浓度才有效。

4.日常管理

(1)每天坚持巡塘，随时掌握虾情动态，巡塘应在黎明、白天、傍晚和午夜进行。黎明是对虾最易浮头的时间，此时为一天中溶解氧最低、pH最低、氨氮最高的时间，傍晚则正相反，因此，每天两次的水质常规测定也在此时取样。

如果对虾在傍晚有异常情况，必须及时采取措施，因为进入夜间会更加严重。对虾有日出前和日落后沿着池边巡游觅食的习性，因此早晚巡塘也是观察对虾健康和摄食情况的机会。

白天可以观察水色、透明度，水中的一些特殊气味或浮起物在水温最高的午后也更易被察觉。白天也容易发现鸟害。

午夜要特别观察对虾有无浮头迹象。另外，巡塘时还应对闸门、堤坝等进行检查，并对机械设备加以检查维护。

(2)每天测定水温、pH、透明度等水质要素。定期检测氨氮、亚硝酸盐氮等其他水质要素的变化，有条件者可检测溶氧、池内浮游生物种类及数量变化。定期(10～15 d)取不少于30尾虾测定虾的体长做好日常记录。

(3)暴雨、台风、降温等天气易使虾塘水温、溶解氧、pH等急剧变化、下降，引起藻类大量死亡，病原菌集中池底，使南美白对虾产生应激，诱发急性感染，因此需要在天气变化前4 d做好预防工作：第一天利用芽孢杆菌发酵饲料，准备发酵48 h后使用；虾塘施用水质净化剂、益生菌和藻类培养剂。第二天施用抗应激产品

(维生素 C 3 kg/hm^2、葡萄糖 30 kg/hm^2 等),2～4 h 后选用二溴海因、聚维酮碘等对浮游植物杀伤力小的消毒剂消毒水体,消毒后使用沸石粉等改良底质。第三天再次施用益生菌和藻类培养剂和用芽孢杆菌发酵 48 h 的发酵饲料(用量每立方米水体 1 g)。到第 4 天新生藻类和益生菌大量繁生,具备比较强的抗气候剧变能力。暴雨、台风天气过后,在晴天施用益生菌和藻类培养剂继续调节水质。

第五节　设施大棚养殖技术

一、大棚构建

本区域南美白对虾的设施大棚构建主要有钢架大棚、钢丝网大棚。

1. 钢架大棚

钢架大棚类似工厂化养殖,一般需建墙搭拱形钢架棚,棚顶盖塑料薄膜,棚内建 0.133～0.266 hm^2 的小型池塘,锅底型中间排污,池底铺防渗膜(图 2-6)。

图 2-6　南美白对虾大棚

2. 钢丝大棚

沿池塘四周东西朝向搭建大棚，面积控制在0.333～0.667 hm^2，宽度控制在60 m以内，能抗十级大风和12.5 cm的积雪。

大棚搭建是在池塘中间（或两个相邻池塘的腰埂上）设一排镀锌钢管立柱，间距5 m，埋入土中1.5 m，并用混凝土浇灌固定，立柱高出池埂2.5 m，选用同样规格的镀锌钢管作横梁。在池塘两端塘埂也立柱，池塘池埂四周浇注混凝土圈梁，圈梁内设螺纹钢，预留拉绳拉钩。选用不锈钢丝绳间距50 cm架在立柱上，两端固定在两边圈梁拉钩上作为直钢丝，在直钢丝上间距100 cm拉横钢丝，横钢丝与横梁平行。在钢丝上覆盖农膜，再用网片和绞丝绳固定。在大棚两端设置进出口门（图2-7）。

为了提高保温效果和节约成本，养殖户创造性设计“棚中棚”（图2-8）养殖模式，可有效提前一个月放苗，即在大棚中套一个小棚，一般100 m^2 左右，依靠电加热棒保温。

图2-7　钢丝绳大棚

图2-8　“棚中棚”模式

注意：一是钢丝绳必须用坚固夹扎紧，固定好，使钢丝拉绳和薄膜连在一起，降低整张薄膜的张力；二是搭建时，不要将保温膜弄破；三是池塘四周的保温膜必须压实，避免刮风时将膜吹起。

二、配套设施

1. 增氧设施

配套水车式增氧机和底增氧设施。水车式增氧机每个池塘2台以上，每台功率0.75～1.5 kW，底增氧设施用增氧泵等充气，每亩底增氧配置功率控制在0.15～0.25 kW。

2. 其他设施

设置暂养池、配备备用发电机组、棚内投饲船等。

三、养殖技术

1. 茬口安排

第一茬养殖时间一般选择在3月中下旬放苗，6月底至7月中旬前起捕；第二茬养殖时间一般7月底至8月上旬放苗，水温低于16℃前全部起捕完毕。

2. 养殖技术要点

(1)放养良种种苗　选择体质健康活泼，活动能力强，规格均匀一致，不带病的优质良种虾苗。放养密度一般7万～15万尾。

(2)大棚温度调控　整个养殖期间水温控制在15～35℃，养殖第一茬前期和第二茬后期，外界气温较低，大棚覆盖薄膜保温。6月下旬进入夏季后，打开大棚薄膜门。7月初，当水温超过32℃时，掀掉大棚薄膜。

(3)水质调控　养殖用水需经24 h以上自然沉淀处理，可在蓄水池中放养花白鲢、吃食性鱼类进行生物净化。根据养殖季节，适时加注新水进行水质调节，一般养殖前期每天加水5～10 cm，透明度保持在30～40 cm，达最高水位后，开始逐步换水，每天换水10 cm左右，以后随水色变浓增加换水量，养殖后期可增大到30 cm，尽量保持池水清爽。经常使用底质改良剂和微生物制剂改良池塘水质。

(4)增氧机使用　根据池塘水色、载虾量、天气等情况，采用水车式环流增氧与底充式增氧相结合方式，及时开启增氧机。放苗密度较高的池塘，放苗 20 d 内每天黎明前及中午开启空压机 2 h，放苗 20 d 后增开水车式增氧机 1～2 h，放苗 70 d 后除投饵时暂停 1～1.5 h 外，全天开启空压机和水车式增氧机。气压低的阴天、下雨时增加开机时间和次数，使水中溶氧量始终保持在 4 mg/L 以上。

(5)饲料投喂　选用专用配合饲料沿池塘四周均匀撒投，第一个月日投饲 4～5 次，第二个月 3～5 次，以后日投 3 次。经常检查吃食情况，一般以 1 h 左右吃完为宜，养殖中后期至起捕前可在饲料中添加维生素 C、免疫多糖等，每日添加 1～2 次，添加 2 d 停 2 d。

(6)做好轮捕工作　根据池塘中虾的规格和载虾量，及时做好轮捕工作。

其他生产管理可参考淡水池塘养殖技术。

第六节　捕　　捞

一般当虾体长至 12 cm 以上即进入商品虾阶段，可根据市场需求和生产情况确定捕捞上市时机。在水温低于 14℃前，应将池虾全部起捕完毕。捕捞采用捕大留小、分批上市的措施，是提高养殖产量及经济效益的有效方法。常用的收捕方法有：

(1)笼网捕捞　在池水水温较高，虾活动频繁时，利用南美白对虾具有夜间和凌晨沿塘边群游的习性，在虾塘四周布下地笼网采捕。这种方法对虾体毫无损伤，不够上市规格的可以从网眼中游出。

(2)拉网捕捞　通过笼网捕捞，虾塘存虾密度下降后，可采用拉网连片起捕(图 2-9)。这种方法适用于全塘虾体规格都达到了商品规格。

图 2-9 南美白对虾起捕

(3)兜网捕捞 在出水口闸门敷设兜网,放水收虾。此法利用对虾顺流水游动的特性捕捞收获成虾。这种方法适合干塘时收获全塘虾,节省劳力,操作方便,不伤害也不污染虾体。

第七节 病害防治

在养殖生产中由于水质环境突变、恶化,南美白对虾抗病力下降,极易发生疾病。常见的疾病有病毒病、细菌性疾病和寄生虫病。

一、病毒病

南美白对虾常见的病毒病有白斑综合症(WSD)、桃拉综合症(TS)、传染性皮下和造血组织坏死病(IHHN)等。此类病毒以苗种带入为主,也可通过水中病原体传染。病毒病治疗难度较大,一般以预防为主,因此在购苗时要把好检疫关;养殖中通过在饲料中添加维生素C、复合维生素和大蒜素、免疫多糖等来增强虾苗的抗病毒能力；定期对池水进行消毒，预防细菌感染导致虾体免疫力下降，从而引起病毒病继发暴发；混养适量草鱼或胡子鲶等进行生物防控。

1. 白斑综合症

(1)病原　白斑综合症杆状病毒。

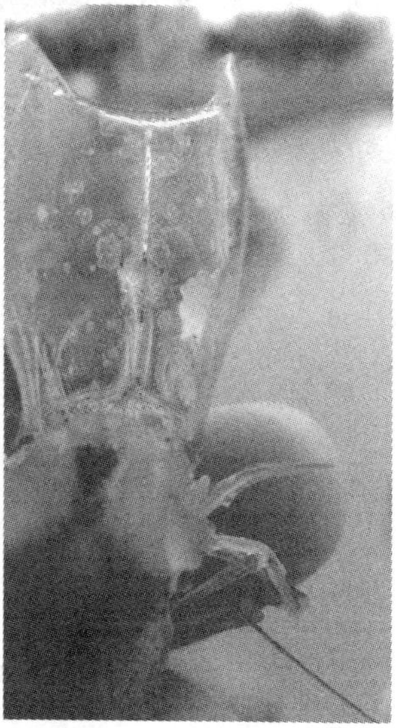

图 2-10　白斑病症状

(2)发病症状　病虾一般表现为停止摄食，行动迟钝，体弱，弹跳无力，漫游于水面或伏在池边，或在池底不动，很快死亡。病虾体色往往轻度变红或暗红或红棕色，部分虾体的体色也不会改变。头胸甲与腹节甲壳很容易剥离而不粘着真皮，并在甲壳上可见到明显的白斑(图 2-10)。

(3)流行情况　白斑病病程急，一般虾池发病后 2～3 d，最多也不过 7 d 可使全池虾死亡。病虾小者体长 4 cm，大者 7～8 cm。白斑病主要是水平传播，经口感染，即病虾把带毒的粪便排入水体中，污染了水体或饵料，健康的虾吞食后也被感染，或健康的虾吞食病虾、死虾后感染，或使用发病池塘排出的污水而感染等。

(4)防治方法　此病目尚无有效的治疗手段，以预防为主，要做好养殖池塘的清淤、消毒及培水工作；选择健康无病毒的虾苗进行放养；饲养管理过程中要注意水质及各种理化因子的变化，保持水体的相对稳定；定期在饲料中添加维生素 C(2‰～3‰)、复合维生素(2‰)、免疫多糖(1‰～2‰)等营养剂。

生物防控是防控潜伏感染白斑综合症转为急性感染的技术。

在暂养虾苗分池放养后，每亩投放 30～60 尾 1 kg 左右的草鱼或 40～60 尾 0.15～0.5 kg 胡子鲶，在发现发病虾时停止投料，利用草鱼和胡子鲶的争食优势，摄食因病死亡和活力减弱的虾体，切断病原的传播途径。

2. 桃拉综合症

(1)病原　桃拉病毒感染。

(2)症状　体型消瘦，甲壳变软，红须、红尾，体色变为茶红色，胃不饱满，肠道发红、肿胀(图 2-11)。发病初期大部分病虾在水面缓慢游动，且靠边死亡，幸存的虾甲壳上有不规则的黑斑。

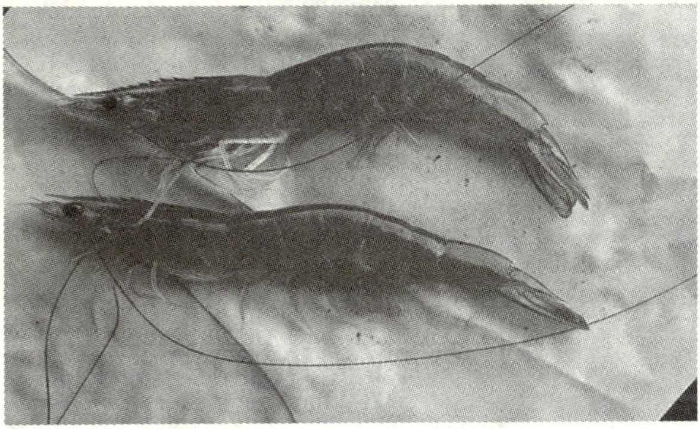

图 2-11　桃拉综合症症状

(3)流行情况　发病虾规格以 6～9 cm 居多，发病时间一般在养殖后的 30～60 d，发病虾池底质老化，一般气温剧变后，尤其水温升至 28℃后易发病。从发现病虾到拒食仅 5～7 d，而后大量死亡。10 d 左右转入慢性死亡阶段。

(4)预防与治疗措施　与白斑综合症相同。

3. 传染性皮下和造血组织坏死病

(1)病原　是由细小病毒(IHHNV)引起的。

(2)流行　细小病毒能感染世界各地的养殖对虾，能引起红额角对虾 90%的死亡率，但对南美白对虾则只引起生长缓慢和表皮畸形，不出现死亡。

(3)症状　细小病毒主要感染表皮、前肠和后肠的上皮、性腺、淋巴器官和结缔组织的细胞，很少感染肝胰腺。

(4)防治方法　此病目尚无有效的治疗手段，以预防为主，在购苗时要把好检疫关，选择健康无病毒的虾苗进行放养。

二、细菌性疾病

(1)病原　主要由弧菌或气单胞杆菌等条件致病菌感染所致。

(2)症状　病虾虾体不完整，出现断须、烂尾、烂眼、黑鳃、红腿、褐斑、肠炎、肝胰腺坏死等症状，并在浅水或池边缓慢独游，肌肉白浊、空胃，生产上常根据其病症定名。

(3)流行情况　养殖中后期和大雨、连续阴雨、温度剧变时易发生。主要是虾塘养殖生态系统发生改变，有益藻类减少或大量死亡，有益菌减少，池塘营养盐过多，不能及时被有益菌分解和被有益藻类吸收，产生大量有害物，导致对虾免疫力下降、条件致病菌升高而对对虾产生致病。

(4)防治方法　养殖期间注重预防，每隔半月全池交替使用生石灰乳液(生石灰用量 10 mg/L)、二氧化氯(用量 0.1～0.2 mg/L)、二溴海因(用量 0.1～0.3 mg/L)消毒水体，同时使用沸石粉(干撒 300～450 kg/hm^2)吸附氨氮，改善底质。在消毒剂药性过后施用有益微生物制剂或藻类培养剂调节水质。

治疗时可用二氧化氯(用量 0.2 mg/L)、二溴海因(用量 0.3 mg/L)等消毒水体，每 1～2 d 泼洒一次，连用 3～4 次，同时投喂新诺明或氟苯尼考等抗生素药饵，饲料添加量为 2‰。连续投喂 5～7 d 为一疗程。

三、寄生虫病

1. 固着类纤毛虫病

(1)病原　常见的有聚缩虫、单缩虫、钟虫、累枝虫和鞘居虫等。

(2)症状　表现为黑鳃，附肢、眼、体表全身呈灰黑色的绒毛状，虾浮游于水面，离群独游，蜕壳困难，常因呼吸困难而死。

(3)发病规律　养殖期间，水中含有机碎屑增多，虾塘换水困难或对虾感染了细菌、病毒等病原时易发生此病。

(4)防治方法　要注重预防，通过适量换水，合理投饲，降低水体中有机质含量；用蜕壳素或茶籽饼(用量 10～15 mg/L)促使对虾蜕壳，蜕壳后换水。

治疗时全池泼洒硫酸锌(用量 1 mg/L)，次日用消毒剂消毒，间隔 10 d 后再泼洒一次硫酸锌。

2. 微孢子虫病

(1)病原　有微粒子虫、特汉虫及匹里虫。

(2)症状　微孢子虫主要寄生在虾的肌肉中，使肌肉呈乳白色、不透明，组织松散柔软。在鳃和皮下组织出现许多瘤状白色肿块。病虾消瘦，活动迟缓。

(3)防治方法　目前尚无有效的治疗方法，主要是加强预防措施，养殖池要彻底清淤消毒，养殖过程中保证池水清新、定期消毒。

第八节　典型案例

平湖市林埭镇华丰村养殖户范国良，2013 年在淡水池塘养殖南美白对虾，养殖面积 1.467 hm^2(22 亩)，搭建了 1 只土池简易大棚，面积 300 m^2。

3月24日进第一茬南美白对虾仔虾5期苗150万尾，在大棚保温暂养，5月初培育至3～4 cm，放养到1.267 hm^2（19亩）池塘，每亩放养4.5万尾，5月10日再进仔虾5期苗60万尾在大棚集中培育40 d以上，在7月初池塘轮捕出售一批成虾后套养到池塘，每亩套养1.5万尾，养殖至8月下旬全部起捕，亩产成虾384 kg，亩产值13 684元，亩效益6 368元。

7月10日进第二茬对虾仔虾5期苗80万尾，在预留的1口0.2 hm^2（3亩）池塘中集中暂养，8月27日培育至4～5 cm，在第一茬起捕完后分养到其他虾塘，每亩放养3万尾，饲养到10月中旬起捕，亩产南美白对虾227.5 kg，亩产值9 545.5元，亩效益4 864元。两茬合计亩产南美白对虾559 kg，亩产值21 364元，亩效益10 364元，取得了较高的收益。

第三章

罗氏沼虾养殖技术

第一节　生物学特性

一、品种介绍

罗氏沼虾（*Macrobrachium rosenbergii*），属于动物界节肢动物门甲壳动物亚门软甲纲真软甲亚纲真虾总目十足目抱卵亚目长臂虾科泰国虾沼虾属罗氏沼虾。亦称白脚虾、马来西亚大虾、金钱虾、万氏对虾等，素有淡水虾王之称。原产地集中在厄瓜多尔沿岸，是世界上养殖量最高的三大虾种之一。其壳薄体肥，肉质鲜嫩，味道鲜美，营养丰富。除富有一般淡水虾类的风味之外，成熟的罗氏沼虾头胸甲内充满了生殖腺，具有近似于蟹黄的特殊鲜美之味。每百克虾肉含蛋白质 20.6 g，脂肪 0.7 g，并含有多种维生素及人体必需的微量元素，系高蛋白营养水产品。鲜食可烹调红焖大虾、煎白虾、溜虾段、琵琶大虾、炒虾仁等。

罗氏沼虾养殖彩图

二、形态特征

体肥大，青褐色。每节腹部有附肢 1 对，尾部附肢变化为尾扇。头胸部粗大，腹部起向后逐渐变细。头胸部包括头部 6 节，胸部 8 节，由一个外壳包围。腹部 7 节，每节各有一壳包围。附肢每节 1 对，变化较大，由前向后分别为两对触角，3 对颚，3 对颚足，5 对步足，5 对游泳足，1 对尾扇。成虾个体一般雄性大于雌性，最大个体雄性体长可达 40 cm，重 600 g；雌性体长可达 25 cm，重 200 g。雄性第二步足特别大，呈蔚蓝色(图 3-1)。

图 3-1　罗氏沼虾

三、生长习性

罗氏沼虾是一种生长速度快、食谱广、营养丰富的经济虾类，体型大，最大可 40 cm，重 600 g，原产东南亚一带。池塘养殖虾体多呈灰黄色，不耐低温，生长适宜水温为 20～34℃，对水体溶氧量要求较高。罗氏沼虾为杂食性甲壳动物，偏爱动物性食物，人工饲养的饲料要求粗蛋白含量在 37%～38%，其中动物蛋白质含量约占 20%，植物蛋白质占 17%～18%。刚孵出的罗氏沼虾体长

1.7～2.0 mm，经 2 个月可长至 3 cm 左右的小虾。放养 3 cm 左右的虾种，经 5 个月饲养，平均体重可达 30 g 左右。

四、生存条件

罗氏沼虾原产于热带、亚热带水域中，其适应的生活水温为 24～30℃，当水温下降到 16℃时，行动迟缓，逐步死亡。因此在我国适宜的养殖时间只有 4～5 个月。

罗氏沼虾营底栖生活，喜栖息在水草丛中。一般白天潜伏在水底或水草丛中，晚上出来觅食。摄食的方式主要用 2 对螯足来捕捉小动物和有机碎屑。罗氏沼虾仅能作短距游泳，主要靠腹部的 6 对附肢和尾节划动。随着不同的生长发育阶段，它的栖息习性也有所不同，甚至是相反。幼体发育阶段生活在具有一定盐度的咸淡水中，若放入纯淡水中，不久就会死亡。幼体喜集群生活，经常密集于水的上层，有较强的趋光性，但又避开强光和直射光。

第二节 养殖概况

1977 年 8 月，浙江省淡水水产研究所从广东省水产研究所引进规格 1～3 cm 的幼虾 1 000 尾，在室内水泥池和室外池中试养，均获成功。1978 年，杭州市水产科学研究所又从国家水产总局珠江水产研究所引进罗氏沼虾进行试养，也获得成功。1980 年，杭州市水产科学研究所开展了罗氏沼虾繁殖和养殖技术研究，经过两年的工作，基本上掌握了罗氏沼虾的越冬、亲虾培育、人工繁殖和成虾养殖的技术。1990 年，平湖县水产试验场与杭州市水产科学研究所协作，利用自然海水育苗获得成功，当年生产虾苗 102 万尾。随着育苗的成功，也逐步开始了罗氏沼虾在嘉兴市的养殖。经过 20 多年的发展，尤其是近几年来与一些实用先进技术相结合，使得罗氏沼虾产业得到了长足的发展，目前全市养殖面积达到了 2.5 万亩，年产值 3.5 亿元。

第三节　苗种繁育技术

一、亲虾的越冬

罗氏沼虾属热带性品种，在我国大部分地区不能自然越冬，必须在人工条件下越冬。在我国南方地区，亲虾越冬所需时间为 4～5 个月。北方地区亲虾越冬所需时间为 6～7 个月。亲虾越冬是育苗的一个重要环节，并且亲虾越冬好坏会直接影响到苗种生产。

二、亲虾的选择与运输

为了保证亲虾的质量，可进行初选和复选。初选是在收虾的现场进行，根据要求选较多亲虾放入暂养池中(室内)暂养。在暂养过程中进行复选(图 3-2)。

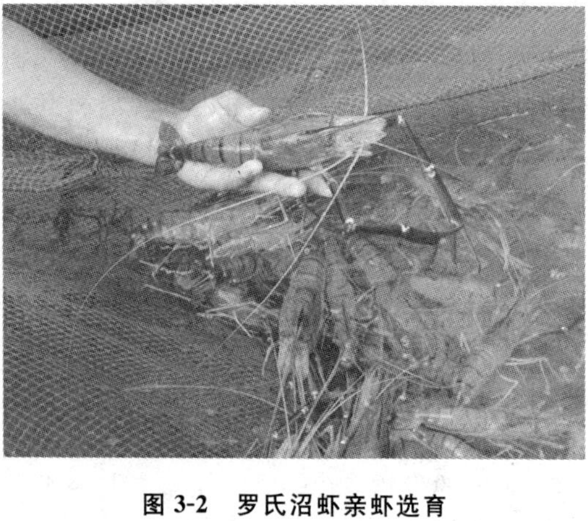

图 3-2　罗氏沼虾亲虾选育

三、亲虾的培育

1. 亲虾培育池

根据生产的需要，对池子的面积、水深、水质都有一定要求。培育池面积 10～50 m^2，用于产卵期间小些，而用于越冬培育大些。水深控制在 0.8 m 左右，水质要求无污染，水源充足、良好。pH 保持 7～8 为宜。放养亲虾之前，池子必须进行消毒，生石灰 200 g/m^3 优氯净 20 g/m^3 全池泼洒，约 1 周后再放亲虾入池。

2. 亲虾的放养

放养密度大小取决于水池大小和培育季节。虾个体大小，一般为 8～10 尾/m^2。产前强化培育时，小面积池放养密度稍稀些。亲虾放养前先用 20 mg/kg 高锰酸钾药浴 5～8 min。

3. 饲养管理

管理上从饲料、温度、水质这三方面入手。首先要加强营养物质供给，要投喂数量充足、营养全面的饵料。现在有专门的亲虾颗粒饲料，其粗蛋白质含量为 35%～40%，用于亲虾培育效果较好。另外，可适当增加一些动物性饵料，则更能促使性腺发育。罗氏沼虾耗氧率比鱼类高，因而，亲虾培育池中要经常排污、换水，加注新水，以增加溶氧量。必要时进行充氧以增进亲虾的食欲。在亲虾的饲养管理中，以时间为序，分冬季培育、春季培育和秋季培育。越冬时的培育水温为 20～22℃，最低不低于 13℃，最高不超过 23℃。春季培育水温控制在 25～26℃，这段时期也是亲虾的产卵期。秋季培育重点放在促使亲虾体质肥壮，继续生长，以较好的体质越冬。

四、育苗的设施与条件

1. 育苗池

一般育苗池为砖墙，水泥粉刷。池形有长方形和圆形，面积

1～10 m²。圆形池较小，长方形池面积较大。以长方形池较佳，操作方便，造价低，水深为0.8～0.9 m。

2. 育苗水源

罗氏沼虾育苗需用海水，因其蚤状幼体在咸水中才能正常发育。通常培育用水盐度为8‰～12‰，海水的来源有天然海水稀释和人工配制两种。但无论是海水配制，还是苗体淡化都需要淡水，因而，罗氏沼虾育苗淡水也是不可缺少的水源。淡水最好是深井水，河水必须进行消毒处理后才能利用。育苗的海、淡水都不得有硫化氢，pH 7～8.5，水温保持在28～31℃，最佳为29℃。亚硝酸盐不得高于0.1 mg/L，硝酸盐不得高于0.02 mg/L。

3. 充气设备

包括气泵或鼓风机和通气管道。气泵用无油气泵或罗茨鼓风机，一般不用空气压缩机，因空气压缩有油，同时要通过空气过滤器，小规模育苗用气泵，大规模用罗茨鼓风机。育苗池一般每平方米1个气石，用一根直径4～6 cm的铁管作总管，再用直径0.5～1 cm的铁管或塑料管作支管通向每个虾池。

4. 保温与加温设备

育苗池可建在室内，也可建在室外，如在室外，要有预防升温的设施。当太阳光强烈、水温升高时就要配有遮阳设施，遮阳材料可用玻璃钢瓦。育苗房四周应装暖气管和散热片，用来作育苗房保温用。江浙一带育苗时，大多育苗池需保温封闭，并通常需加热设备增温。常用电热棒加温、蒸汽管道加温及热水管道循环加温。

5. 其他工具

育苗时还要有：抱卵箱或产卵箱、产苗箱、出苗箱、拉苗网、排灌设备、丰年虫孵化设备等。

五、育苗操作方法

1.育苗前准备

罗氏沼虾蚤状幼体需在半咸水中才能生长发育，所需海水盐度范围为10.4‰～18.6‰，育苗前先配制好人工海水。罗氏沼虾蚤状幼体一般以单胞藻为基础饵料。如小球藻、扁胞藻、褐指藻、小新月硅藻等。轮虫作为开口饵料，卤虫无节幼体作为主体饵料，用蒸蛋和鱼糜作补充饲料。在育苗前必须做好这些准备工作。

2.幼体孵化

亲虾在适宜的条件下，开始交配产卵。受精卵黏附在雌虾腹足刚毛上，经过20 d左右，蚤状幼体脱膜孵出，这一过程称幼体孵化。孵化期间的技术措施概括如下：

(1)抱卵虾的投喂　抱卵虾应单独饲养，可在交配池或幼体培育槽中饲养，也可将亲虾放入暂养网箱(网目0.5～0.8 cm)，在育苗池中饲养。投喂的饵料以动物性饵料为主，少而精。

(2)增氧排污　在孵化期间要连续充气，使水中溶氧量处于接近饱和状态，以满足抱卵虾高耗氧的需要。视水质情况，还要定期进行排污、换水。

(3)盐度调配　当虾卵由橘黄色变成灰黑色时，每天加入少量海水，至幼体孵出时，池水的盐度达15‰～18‰，正好符合幼体生活的需要。也可将抱卵虾直接移入盐度为15‰～18‰的半咸水中。

(4)温度控制　虾卵孵化的适宜温度范围为24～30℃，最适温度为26～28℃。应将水温调节在适宜范围内。

(5)采苗　当虾卵变成灰黑色时，幼体即将孵出。育苗池或幼体培育槽内放水40～50 cm，盐度调配成12～14格，水温升至25～ 26℃，并开始充气。将抱卵虾移入育苗池中的采苗网箱或竹笼内。孵出的幼体经网目漏入育苗池中，当育苗池中幼体密度达7万～10万尾/m^3时，及时捞出亲虾，排到另一育苗池中继续采苗。同池幼体日龄相差不要超过3 d。为了保证在较短时间内孵出足够的幼体，一般采用增加抱卵虾数量的办法。

3. 幼体培育

蚤状幼体第一期靠自身卵黄为营养，无须投饵。到孵化后第三天开始投喂单胞藻、轮虫及刚孵出的卤虫无节幼体。当幼体发育到蚤状幼体第四期后，开始投喂蒸蛋或鱼糜。投饵时应均匀散布，若饵料投喂不足，则幼体生长缓慢，发育不同步，严重影响成活率。另外，幼体培育时水质对其发育也十分重要。育苗过程中由于大量排泄物和残饵沉于池底，水温又高，水质易恶化，氨态氮、亚硝酸盐氮、硫化氢等有毒物质日益积累。因此，必须每天早晨用吸管将池底的污物吸掉，经常更换育苗池海水来控制水质。前期幼体的培育密度以7万～10万尾/m^3为宜。随着个体的生长发育，结合过池调节密度，第四期以后的幼体一般控制在5万～6万尾/m^3为宜。

4. 虾苗的淡化

蚤状幼体经20～30 d的培育就能变态成仔虾，仔虾与蚤状幼体的区别是：蚤状幼体活动较弱，颜色呈棕红色，游泳时腹部朝上，尾部朝前。变态前蚤状幼体开始头部向下并旋转。变态后的仔虾体色较淡，游泳时头部向前，速度较快。当池中90%以上幼体完全变态后，即可进行淡化处理。淡化时停止加温，将池水排出一半，逐渐加入淡水。淡化后的仔虾须暂养3～4 d。期间继续换水淡化，使育苗池水质水温同室外养虾塘水质水温接近，以提高虾苗下塘后的成活率。

第四节 池塘养殖模式

一、养殖设施

1. 池塘条件及前期准备

池塘准备面积 0.33～0.66 hm^2，池形为长方形，池塘坡度 1∶3，水深 2～2.5 m，池底平坦，在养殖池塘旁边隔一块区域作为育苗池，利用温室暖棚来进行早苗的培育。水源无污染，进排水方便，通电和水陆交通便利。一个养殖周期结束后，排干池水，铲除表层淤泥，晒至表面干硬龟裂。同时做好修整堤坡和进排水渠等维护工作。春节过后用生石灰对育苗池进行消毒，并且购置优质的罗氏沼虾苗种，在温室暖棚中进行前期的培育。到 4 月初用全池泼洒生石灰水的方法进行清塘消毒，4 月底开始进水，虾苗放养前 3～5 d，注水 30～50 m，每 667 m^2 施发酵好的牛、羊、鸡粪 700～1 000 kg，培育饲料生物，为第一批下塘的沼虾提供天然饵料。

2. 配套设施

增氧设备的架设：底部增氧设备的管道排列可以呈“非”字形排列，主管与各个支管相连，支管与支管之间的距离一般在 10～15 m，支管通过橡皮软管与纳米盘相连，纳米盘是一个圆柱状的铁盘，高约 20 cm，直径约 1 m，将纳米管固定在铁盘一侧，这样纳米管就不会与池底淤泥接触，提高了增氧效率。一般情况下，一台 2.2 kW 的罗茨风机可供面积 1～1.33 hm^2，同时池塘上还需设置两台水车式增氧机配合使用。

二、苗种放养

根据天气，一般在 3 月中上旬购置优质的罗氏沼虾苗种，放入提前准备好的温室暖棚中进行前期的培育，每平方放置800～1 000尾，虾苗培育50～60 d规格可达4～6 cm，此时可起捕放入大塘常温饲养，在5月初或5月中旬，当水温稳定在20℃以上时可选择晴好天气放养虾苗，放养的虾苗应体质健壮、无病伤、规格整齐。放苗时需精确打样过数，池塘放养密度一般在2万～3万尾/667 m^2，按成虾常规养殖方法进行养殖，第一茬虾在6月下旬到7月上旬上市时采用捕大留小方式，捕捞后精确估算存塘虾量，继续放入温室暖棚密养池中的虾苗，累计放苗量为5万尾/667 m^2 左右。

三、投饲管理

罗氏沼虾属杂食性，浮游动物，水生昆虫、水草、藻类；饼类、米糠、麸皮等都可摄食。一般放苗后20 d内投喂蛋黄、豆渣、豆浆等。6—9月投喂人工配合颗粒饲料，饲料蛋白质含量要在30%以上，饲料的粒度和长度分别为0.3 cm和1～2 cm，一般不应投喂粉状饲料，以利沼虾摄食。养殖前期以投沼虾一号料，后期以投沼虾二号或三号料为主。前期投饲率以虾体重计，体重1 g以内日投喂量为虾体重的20%，1～3 g为15%，3～5 g为8%，10 g以上为6%，日投两次，上午6时以及下午5时左右，上午投料量占全日投料量40%，下午占60%。要坚持定时、定量、定质投饲，投喂时沿着池塘四周滩埂均匀抛洒，确保池塘中虾都能摄到食，并且在投饲后3 h检查吃食情况，以及池塘中沼虾摄食情况，并检查沼虾胃饱满度。投饲要根据天气、水温、水质、胃饱满度等情况而灵活调整，保证虾能吃到八成饱即可。

四、水质管理

罗氏沼虾对水质的要求较高，因而要加强水质的调节、控制。养殖池塘前期水位控制在80 cm以内，水色以黄绿色为好。透明度 30 cm 左右，以后每隔一周加新水一次，每次加水 10 cm 左右，到夏季高温时期可每 3 d 加一次新水，每次 5～10 cm，并要求到最高水位 1.8 m 以上，高温期、捕捞期可适当换水，每次换水 20～30 cm。注水时要用尼龙筛绢网袋严格过滤，严防敌害生物入池。如水质恶化，可加大换水量，但切忌大排大灌，减少应激反应而导致沼虾发病，特别是应激综合症。要做到勤加水，保持水质清新，促进浮游生物繁殖，补充水体溶氧。并要注意及时清除污物，严防污水、农药水入池。

五、病害防控

防病：平时不用杀菌药，只在起捕后 3 d 内用二氧化氯或溴氯海因泼洒一次，用量 0.3 mg/kg，及时杀灭水中有害细菌，防止由于拉网损伤虾体而感染病菌发病。养殖后期，由于水体老化最好在二氧化氯施用后第 5 天再用一次生石灰，用量每亩 1 m 水深 5 kg，调节水体，预防病害发生有很好作用。

六、捕捞

适时起捕：一般间隔 30～40 d 进行捕捞一次，第一次起捕量在 100 kg 左右，以后每次在 100～150 kg，直到 10 月下旬到 11 上旬全部起捕为止。

七、养殖过程中注意事项

1. 注重饲料投喂

温度高，虾生长速度快，虾摄食量大，这一期间保证虾吃饱是前提，但不能过剩，投喂太多，不但浪费而且虾吃得太饱容易造成缺氧、浮头。投饲须注意天气的情况，在天气晴朗、水质清爽时，适当多投点，一旦遇到阴雨天，尤其是闷热，要减少投喂量或不投。同时建议广大养虾户在选用饲料时，不可盲目迷信过高蛋白的饲料，而一味追求虾的生长速度，往往是得不偿失，其实只需饲料蛋白适宜即可，这样一方面可以降低成本，另一方面降低了罗氏沼虾营养代谢的失衡，减少病害的发生。

2. 加强水质管理

高温期间，首先虾池要保持一定的水深，最好能达到 1.5 m 以上，水体大，溶氧多，水温与水质也相对稳定；虾池要保持一定的肥度，如果虾池过肥，透明度小于 25 cm 时就要换水，适时排出适量的老水并注入新水，塘口的进排水系一定要分开，当然对水质过肥的塘口，可使用微生物制剂降解过多的有机质和有毒有害物质，养殖中后期最好选用硝化与反硝化菌为主的生物制剂，可分解有机质，一般只起絮凝作用的微生物制剂效果不够明显，但池水也不能太瘦，对于水质清瘦的虾池即透明度大于 40 cm 的须适当施肥。高温期间投饵量大，虾的代谢量也大，因此一般虾池都不缺氮、磷，而是缺少微量元素或是池塘菌相、藻相不平衡，物质循环受阻，所以对水质清瘦的虾池建议使用“生物专用肥”，以补充水体的益生菌和微量元素，总而言之，“养好一塘虾，先要养好一塘水”，虾池水质要求达到“肥、活、嫩、爽”。

3. 防止浮头、泛塘

巡塘工作是整个养虾过程中不可缺少的，高温期间巡塘更须认真仔细，具体应做到：①观察虾在塘中的活动情况，一旦发现游边或“转池”时，要查找原因，是否水体 pH 过高、水体变化太大、溶氧不足、有寄生虫附着、病害发生等；②观察虾的吃食情况，定期查看食台，根据虾的吃食状况而决定投喂量，一旦发现吃食突然剧变，需分析原因，是否溶氧过低、饲料变质、病害发生等；③观察虾池的水质变化情况，经常观察水体的颜色变化和检查虾池的透明度等，一旦发现池水不清爽，须分析原因，是否施肥过多、投饵过量、有机质或有毒有害物质过高等。通过巡塘，如发现异常，及早防范，采取相应措施，减少不必要的损失。特别是在高温期间，常常伴有雷阵雨，要加强巡塘，根据情况适当增加巡塘次数，谨防浮头、泛塘，具体措施：①晴天中午开增氧机 2 h 左右，给下层水增氧，不仅能防止夜间浮头，而且能降低饵料系数，促进生长。②高温天气要每天半夜开机防止浮头，特别是凌晨太阳出来之前也须开增氧机。③要储备足量的化学增氧剂，作应急之用。④雨天不需要开增氧机，但阴天要整天开机。⑤晴天傍晚禁止开增氧机，禁止给池塘注水。

第五节　病害防治

罗氏沼虾病害较少，但是因生活在水中，发生虾病不易察觉，所以首先要做好预防工作，常用生石灰、漂白粉、高锰酸钾等药物对虾体、场所、工具、水体进行消毒，杀灭病原体。平时注意观察虾在水中的活动情况，发现虾病要及时治疗，常见的虾病主要有以下几种：

1. 纤毛虫病

病虾体表寄生大量纤毛虫(钟形虫、累枝虫、聚缩虫等)，体表呈棕黄色绒毛状，影响病虾摄食和蜕壳，严重时可致虾死亡。主要原因是水质过肥，钟形虫、枝虫、聚缩虫等大量繁殖。

防治方法：定期换水，保持水质清新；用 0.4 mg/kg 溴氯海因进行水体消毒；用硫酸铜、硫酸亚铁(5∶2)合剂泼洒，浓度为 0.7 mg/kg。

2. 褐斑病

病虾体表有斑点状黄褐色的溃疡，溃疡的中部凹陷，在头胸部和腹部发生较多，有时触角、尾扇及其他附肢也有，严重影响虾的生长蜕壳。主要由起捕及运输过程中机械损伤引起的。

防治方法：注意操作，防止虾体受机械损伤；用 0.3 mg/kg 氯杀王泼洒；每千克饲料拌 0.5～1 g 土霉素或拌 1～2 g 虾糠投喂，

5～7 d 为 1 个疗程。

3. 黑鳃病

病虾鳃部颜色由红色转变成黑色，最后因呼吸困难窒息而死亡。此病由水质老化、真菌感染、水中重金属离子含量过高、长期缺乏维生素 C 等原因引起。

防治方法：改善水质，定期用 15 mg/kg 生石灰消毒，在饲料中适当添加维生素 C。

4. 软壳病

病虾甲壳明显变软，体形消瘦，活动减弱，生长缓慢，严重时可致死亡。此病可能由水中有机质过多、pH 较低及长期营养不足等引起。

防治方法：加注新水，改善水质；用 15 mg/kg 石灰水泼洒，提高水的 pH；加喂优质全价饲料。

5. 硬壳病

病虾全身甲壳变硬，有明显粗糙感，虾壳呈黑褐色，无光泽，摄食减少。此病由水中钙离子含量过高、水质老化等引起。

防治方法：用 5 mg/kg 茶粕浸洗 10～15 min；饲料中添加蜕壳素促进虾的蜕壳。

6. 甲壳溃疡病

关于罗氏沼虾甲壳溃疡病的病因，说法不一。一些人认为甲壳溃疡病由溶藻弧菌、副溶血弧菌、气单胞菌等多种病菌引起，具传染性；另一些人则认为甲壳溃疡病是由环境中的某些化学物质如重金属盐类等引起。

症状及病理变化：患病初期，病虾的甲壳表面有黑褐色斑块。以后，随着病情的发展，黑褐色斑块逐渐扩大，并形成边缘浅、中央凹陷的溃疡灶，甚至侵蚀到几丁质以下的组织。

流行情况：甲壳溃疡病流行于世界各地。多见于在水泥池中越冬的亲虾和亲蟹。该病发病率、死亡率均很高，是亲虾越冬期危害较为严重的疾病之一。

防治方法：

(1)预防 ①水泥越冬池要洗刷干净，并用浓度为15 mg/kg的漂白粉或生石灰浸泡消毒。②为预防亲虾在越冬池中碰伤，最好在离池壁5～10 cm处设置一圈拦网。③要选择体格健壮，体色正常，无伤、无附着物的亲虾入池越冬。④亲虾饲养期间，要保持水质、饲料优良稳定。⑤每隔100 d左右，全池泼洒1次浓度为3～5 mg/kg的土霉素进行预防。⑥室外土池饲养，经常换水可避免发生此病。

(2)治疗 ①每天全池泼洒浓度为3～5 mg/kg的土霉素1次，连泼3～5 d。②若养殖池水重金属离子含量超标，可在蓄水池中遍洒浓度为2～10 mg/kg的己二胺四乙酸钠盐。③同时，每天按每千克饲料用5 g鱼泰8号的量，拌饵投喂，连喂5～7 d。

7. 罗氏沼虾肌肉白浊病

罗氏沼虾肌肉白浊病是新出现的疾病，有的地方又称白体病、白尾病等。主要危害罗氏沼虾苗种，发生于虾苗淡化后至放养到池塘3～5周。病虾表现为肌肉出现白斑或呈白浊状，可在较短时间内大量死亡，特别是高密度育苗池内，死亡率高达40%～90%。该病最早于1996年前后出现在广东、广西一带，以后迅速传播到江苏、浙江等地。2001年起，该病在各主要罗氏沼虾苗种场广泛流行，2002年更是呈蔓延趋势，成为罗氏沼虾养殖业的主要威胁。

罗氏沼虾肌肉白浊病的诊断由于该病近几年刚刚在中国流行，病原的研究虽已取得一定进展，但还没有商品性诊断试剂盒供应。生产上主要根据经验及观察发现疾病，通常在苗种池里发生白浊病的虾苗与池底形成明显的对比而较易发现。但水质、药物及细菌感染也可引起虾苗出现类似的白浊症状，只有确认病毒才能作出诊断。浙江省淡水水产研究所已建立了酶联免疫测定法，可用于罗氏沼虾肌肉白浊病病毒的诊断。该方法的检测上限可达到 10 ng 的病毒，不需要特殊的设备，费时 4～5 h，肉眼即可判断结果，适合各苗种场用于病毒的确诊。

罗氏沼虾肌肉白浊病的防治从该病的流行规律看，带毒亲虾是病原的主要来源。因此选用不带病毒的种虾，再辅以严格的消毒措施是切断病毒传播途径的有效手段。虽然暂时还没有可供生产单位用于亲虾病毒检测的有效方法，但各地还是建立了一些有效预防疾病的方法。

第六节 典型案例

潘月明是嘉兴市秀洲区王店镇的一名虾蟹养殖户，由于养殖南美白对虾的病害日趋严重，养殖风险也越来越高，从 2008 年开始，该养殖户改养罗氏沼虾，由于养殖技术到位，管理得当，当年就获得了很好的效益，从 2008 年开始到 2015 年，更是通过罗氏沼虾轮捕轮放结合底部增氧技术，亩产量平均达到 350 kg，亩效益平均 4 000 元以上，取得了非常好的经济效益，同时该养殖户的养殖面积以及周边带动面积也日益扩大，到目前为止，该养殖户自有养殖面积 300 余亩，合作社示范带动面积达到了 3 000 亩。

第四章 青虾、河蟹养殖技术

第一节 青虾养殖技术

一、品种概况

青虾，又称河虾，学名日本沼虾，其肉味鲜美，营养丰富，是高档的名优水产品。青虾的体形粗短，由头向尾部逐渐狭小，一般体长5～7 cm，体色青蓝色并有棕绿色斑纹（图4-1），故名青虾。

青虾、河蟹养殖彩图

青虾适应强，生长温度为14～30℃，繁殖温度18～28℃，广泛分布于温带地区的各种淡水水域中。青虾喜欢在水底、水草丛、池壁或水中其他物体上攀援爬行，有夜行性，对光线的反应是趋弱光而避强光。青虾的游泳能力不强，仅能作短距离的向前游动和弹射式的敏捷退却。因此，在养殖生产中，应扩大青虾的栖息、生长场所，增加青虾养殖产量。

图 4-1　青虾

青虾是一种杂食性、生长快、繁殖力强、适应性广的重要经济虾类。由于青虾养殖市场容量大，投资少，技术操作简单易学，池塘要求低，经济效益好，使其在 20 世纪 90 年代以来发展迅速。

二、养殖技术

1. 池塘条件

一般的养虾池经改造和修整，均可作为青虾养殖的池塘。若要新建养虾池，首先要选择地形变化稳定、交通方便、有电源供应的地方，尤其要求水源充足、无毒无污染、水质良好的河水、湖水及其他水域作水源。土壤为黏质土或壤土，以保证池塘不漏水，且水中的营养盐类不易渗漏损失，有利于饵料生物的繁殖，同时能有效防止逃虾。

池塘一般以长方形为主，且以东西向长、南北向宽为宜。虾池不宜过宽，宽度一般为 30～60 m，虾池长度则取决于当地地形、虾池规模大小及虾场的整体布局。长宽可采用 3：(1～2)的比例。

青虾的成虾养殖池塘目前一般有浅塘和池塘立体养殖两种方式。一种是利用低畦农田，经简单改造成养虾池，通常在稻田四周挖深沟 4～5 m 宽度，加高塘埂，稻田中间再开“田”字形或“井”字形的深沟，这样田面水位可达 50～80 cm，沟中水深可达 1 m，投资较省。另一种为池塘立体养殖模式，可以立体利用池塘水体，充分发挥池塘的生态效益。在生产中，多采用该种方式来进行青虾养殖。

(1)养虾池以面积 1 300～3 300 m^2，水深 1.2～1.5 m 为宜，要有较大的坡度[坡度比为 1∶(2.5～3)]及浅水滩脚，便于青虾摄食活动；池塘进排水要方便，有过滤、防逃设施。池底淤泥不能过厚，约保留 5 cm，利于肥水，如果淤泥太多，高温季节池底易缺氧，会影响青虾栖息和生长。进、排水口要布设 80 目的密网，做好防逃和防止塘外野杂鱼入侵。

(2)水草移植。虾池四周，离塘滩 1 m 处，应移植或栽培少量水花生等水草，用绳固定成为水草带，全池水草面积应控制在占水面的 20%～30%(图 4-2)，这样既能净化水质，又能为青虾提供良好的栖息和活动场所。栽种沉水性植物如轮叶黑藻、苦草等，能增加青虾栖息场所，提高水体立体利用效率，但栽种后要加强控制，否则容易使水质变清、变瘦，而产生丝状藻类。

图 4-2　青虾养殖池

(3)池塘不能漏水、清塘要彻底。在虾苗的放养以前首先必须将塘埂修整好，不能漏水。用药物消灭敌害生物，如野杂鱼、泥鳅、黄鳝、青蛙、淡水龙虾(克氏螯虾)等。常用的清塘药物有以下几种：

①生石灰清塘。生石灰是最好的清塘药物之一。一般以干法清塘为主，用量为 150 kg/667 m^2。先在塘四周挖若干小坑，将生石灰倒入其中，加水化开后，不待冷却即向四周及塘底均匀泼洒。在放苗前需 1 次复水，10 d 后放苗。

②漂白粉清塘。漂白粉一般含有效氯 32%左右，有强烈杀菌和杀死敌害生物的作用，能杀灭鱼类、蛙类、水生昆虫、软体动物、寄生虫和病原菌等敌害生物，药性消失快，对急待使用的虾池更为适宜。一般带水清塘，浓度为 50～100 mg/kg。水深 50 cm 左右，每 667 m^2 用量为 20～30 kg，将漂白粉加水溶解后，迅速全池泼洒。5～7 d 后放苗。

除了上述清塘药物外，还可采用茶子饼、鱼藤酮、巴豆等清塘。池塘水若能排干，曝晒 15 d，可不必采用药物清塘。池塘新开挖的，不论是否清塘，进水一定要用 60～80 目的尼龙筛绢过滤，以保证无杂鱼鱼苗或鱼卵流入。另外，清塘后，在种植水草时，最好是从陆地割草种植，如水花生、空心菜等。如要从外捞水草放入池塘，则应注意将水草在石灰水或漂白粉水中浸泡 10～15 min，以避免将水草上的鱼卵等带入池塘中。

2. 培肥水质

放苗前 5～7 d，灌水深约 60 cm，每 667 m^2 用 100～200 kg 腐熟的畜禽粪或用 100 kg 左右的有机肥培肥水质，使池水透明度保持在 30 cm 左右，为即将下塘的虾苗准备好丰富适口的生物饵料。

3. 合理放养

(1)青虾单养　青虾苗种要求规格整齐，体长 1 cm 以上，体质健壮，无病无伤，体色清白半透明，最好来自天然大水域或青虾良种场。放养密度要合理，一般在7月中下旬，每667 m^2 投放1.5～2.0 cm的虾苗6万～8万尾，隔10～15 d后，放养适量鲢、鳙"夏花"鱼种，以调节水质。放养时间选择在阴雨天进行，晴天应在早晨或傍晚进行，以避免阳光直射、温度过高，影响虾种放养的成活率。

(2)虾蟹混养　可在成蟹养殖和扣蟹培育池中进行，通常在每年7月中旬至8月中旬，在养蟹池中每667 m^2 放2 cm左右的虾苗2万尾，在基本不影响河蟹生长和产量的情况下，每667 m^2 平均可出产大规格商品青虾30 kg。

(3)青虾与罗氏沼虾、南美白对虾等热带品种交替两茬养殖　通常是在每年下半年，罗氏沼虾等起捕后，每667 m^2 放2～3 cm(2 000尾/kg左右)的青虾苗8～10 kg，饲养到翌年5月中下旬起捕，一般每公顷产量可达450～600 kg。放养虾苗，也要因池制宜，池塘条件好，有增氧设备，可适当多放些，产量也可以高些；反之，则可少放些，产量也低些。

4.投饵管理

青虾属杂食性，其饵料广泛，一般人工投喂的饵料有：米糠、麸皮、酒糟、豆渣、花生饼、豆饼、浮萍以及螺、蚌、小杂鱼、鱼粉、蚕蛹(粉)、猪血等，可因地制宜选用。

配合饵料投喂是目前应对规模化养殖较为常用的手段。青虾专用饵料，粗蛋白含量为27%～32%，并添加脱壳素、促长剂、引诱剂等，对青虾有良好的适口性，营养较全面。

投饲必须坚持"四看"(看季节、看天气、看水色、看虾的摄食情况)和"四定"(定人、定质、定量、定时)的原则，并做到匀、足、优、合理和适口等，使青虾全都能及时吃到和吃饱。饲养初期幼虾还很小，游泳能力差，应将适口的饲料在全池泼撒，以后再撒于虾池四周的浅滩上，每1～2 m设一个投饲点。投饲次数一般为每天2次，上午8时左右，投全日投饲量的30%，下午6时左右再投70%，日投量占虾体重量6%～8%，秋虾中后期搭配动物性饲料。

5. 水质管理

青虾不耐低氧，调控水质非常重要，养虾水质必须达到“肥、活、嫩、爽”。要根据水色和季节等情况，及时加注新水，一般每隔7～10 d，加注新水15～30 cm，每隔半个月每667 m^2 用10～20 kg生石灰化浆全池泼洒，使池水溶氧保持在4 mg/L以上，pH 7～8，透明度30～40 cm为宜。8—10月，青虾存塘量急剧增加，又是气候多变季节，容易发生缺氧浮头，要加强巡塘，及时加水或开机增氧。冬季停食后，要定期加水和适量施肥，控制好水质和水位，以减少青苔和黑壳虾的发生。

6. 日常管理

一般8月下旬至9月底青虾最易发生缺氧。因此，在有条件的池塘，白天在中午就必须适当开启增氧机增氧，或者每日清晨出太阳前开机1.5～2 h，可收到良好效果。一般青虾池以使用水车式增氧机为好，也可使用叶轮式增氧机。

在养殖过程中，要定期使用光合细菌、芽孢杆菌等有益微生物制剂，每667 m^2 用量5 kg，也可在饲料中添加，它不仅能改善水质、促进有益菌的繁殖，保持微生态的平衡，更能提高虾体的免疫力和抗病力。

青虾一般不大生病，但如果养虾池中发生鱼病，用药一定要谨慎，尤其是灭虫精、菊酯类的药物，对青虾有直接致死作用，要严禁使用。如果虾池周围有农田或工厂，进水时要注意是否有农药污染或工业废水的污染。此外，在每次进水时，均要注意过滤不能有任何小杂鱼混入。青虾池中龙虱的幼虫鱼夹子会夹食幼虾，可采取光诱捕法除去，虾池中的水草也要经常清理，浮面水草超过1/3后便要将多余的割去，池底水草要控制在适度范围内，保持池塘良好的水质。

7.成虾捕捞

池塘成虾的捕捞,通常有抄网捕虾、地笼捕虾、小拖虾网捕虾、干池捕虾及拉网捕虾等几种方法。一般从 9 月开始采取捕大留小,陆续上市。对达不到商品规格的小虾可并塘留养,至翌年 4—5 月再捕捞上市出售,也可留作种虾。

(1)抄网捕虾　青虾养殖池塘通常栽种有浮面水草。每年 11 月以后,随着水温的降低到 10℃以下,青虾停止摄食,栖息在水草根枝上。此时,可用抄网在水草下面抄捕,效果较好。如 Φ 形虾抄网特别适宜抄捕水草下的虾,在 1 只 300 m^2 左右的养虾池中,单人作业 1～1.5 h,可捕青虾 5～10 kg。连续 10～15 d 的作业,总抄捕率可达 70％～80％,并可达到捕大留小、均衡上市的目的,对提高池塘养虾经济效益有很大作用。如今该捕虾方法已成为池塘较为常用、最有效的方法。

(2)地笼捕虾　地笼原是外荡捕捞虾蟹的有效工具。通过虾类的活动,经倒喇叭形口子进入地笼而捕获青虾,近年来已普遍应用于池塘养殖青虾生产上,尤其是青虾的对溶氧需求量大,栖息环境要求高等生物学特殊要求,导致池塘养虾产量受到制约,而青虾又有生长快、性成熟早、多次产卵的特点。因此,通过常年捕捞来控制池塘中青虾的生物量,使小虾尽快成长,增加池塘总产显得尤为重要。但由于地笼是利用虾类摄食游动才起作用,故一般只在元旦以前或清明以后水温较高,虾活动频繁时使用。春节前后水温低,虾不活动时效果相对较差。

(3)小拖虾网捕虾　在一些底质平坦,无底层杂草,淤泥不很厚的池塘,可用小虾拖网捕,该网具有小巧玲珑,双人作业,操作简单,捕大留小,虾不易受伤等优点。连续作业也可捕起 50％以上的成虾,操作时两人各立池塘一边,用钢绳两边来回拖数次后,起网 1 次,产量高时,每网也可达数千克。

(4)干池捕虾　每年 12 月至翌年 2—3 月，水温较低，青虾基本停止生长，在用其他方法捕不到虾后，便可采用排水干塘捕虾，干池时，可将 3 cm 以下的小虾留养，也可待早春作为春虾苗种出售放养，这种虾放养规格大，产量高，效益也好。

三、病害防治

青虾养殖的历史虽然不长，但由于采用高密度养殖方式，加上环境污染及其他人为因子的综合作用，病害的发生已愈来愈严重，有的已成为青虾养殖产业发展的严重障碍。目前常见的青虾病害有红鳃病、弧菌病、肌肉坏死症和青泥苔危害，现分述如下：

1. 红鳃病

主要症状：病虾行动迟缓，食欲减退，早期鳃部出现红色，后期转为黑色并糜烂，病虾大多静伏水边或水草上，易于浮头造成死亡。该病流行时间较长，全年均有发生，高峰期为 8—10 月。发病呈慢性，死亡率一般为 30%，有的高达 70%。危害对象主要是成虾。

防治方法：做好清塘消毒，保持良好的水质，发病后可用：

(1)生石灰全池泼洒　浓度达 20～30 mg/kg，连续泼洒 2 次。

(2)饵料中拌抗生素如土霉素　用量为 0.5～1 mg/kg。

(3)全池泼洒含氯消毒剂　如二溴海因 0.3 mg/kg 等治疗。

2. 水霉病

主要症状：病虾开始在尾部及其附肢有不透明的白色小斑点，继而扩大，严重时将遍及其全身，最后导致死亡。发病季节多见于早春和秋冬季。主要危害青虾虾苗，病原寄生于幼体及卵的表面，继而深入组织，使染病机体死亡，并有很强的传染性，危害较严重。

预防方法：可用 0.5 mg/kg 三氯异氰尿酸消毒；坚持每天换

水，保持水质清洁。用 200 mg/kg 福尔马林浸浴 30 min 有一定的疗效。

3. 肌肉坏死症

主要症状：开始患此病的青虾在尾部或背部肌肉呈现圆形或不规则的白色区域，以后变白区迅速扩展到整个背部，直至混浊一片，最终病虾死亡。病虾身体弯曲，活动缓慢，摄食量减少或不进食，在刚开春时体表尚长有附着藻类，此病不论幼体还是成虾均会发生。

预防方法：致病原因尚不明确，通常在幼虾、成虾的长途运输以后，水温剧变受冻、水温过高、缺氧或水质恶化时发生。因此在进行成虾或虾苗运输时，操作务必要细心，虾离水时间不能过长，运输过程及下塘时温差不能太大，注意保持水质清新，溶氧充足，经常注入新水，并定期泼洒石灰水，通常能减少此病的发生。

4. 弧菌病

主要症状：患病青虾体表无明显的症状，少数病虾表面有少量似黏液的物质。体色略呈灰白色。发病后表现为摄食明显下降，濒死前活动迟缓，常伏于水面水草上或池塘浅滩上。

防治方法：可用生石灰预防，在发病季节隔 10～15 d 用 15 mg/kg 生石灰全池泼洒。发病虾池用 0.2～0.3 mg/kg 三氯异尿酸全池泼洒，隔天用 1 次，连续 2～3 次。在水体消毒的同时，要投喂内服药，用法为每千克饲料加强力霉素 1～2 g，每天 1 次，连用 5～7 d。

5. 青苔

青虾养殖池塘中，如果水草控制不好，水质就较清，容易产生青泥苔。它不仅使池水变瘦，还可能危害青虾的生长和存活。除了做好虾塘的清塘消毒工作，在池中套养花、白鲢、草鱼等鱼类调节水质。已发生青苔的池塘，可用“清苔净”等药物清除，用量为每 667 m^2 池塘 0.5 m 水深用 100 g。

第二节　河蟹养殖技术

一、品种概况

河蟹学名为中华绒螯蟹，又称毛蟹、螃蟹、清水蟹、大闸蟹等。河蟹广泛分布于长江、瓯江、辽江、闽江等水系，其中以长江水系河蟹的品质最为优良。

不同水系河蟹的外形基本相似。当河蟹规格达到每千克1 000只或以下时，凭肉眼直观上可以辨认三水系河蟹的形态差异。瓯蟹、福蟹、辽蟹与长江蟹主要区别为体形、体色、额齿尖锐程度和中间两额齿的夹角大小、第四侧齿的明显程度、第二步足长节的长短、扁宽及步足刚毛的颜色和致密程度。

长江水系成熟河蟹有青背、白肚、金爪、黄毛的特点。背部呈墨绿色（湖泊）或古铜色（池塘、塘堰）；腹部灰白色；步足背部暗绿色，腹面淡灰色（幼蟹阶段，背部和步足具斑块或斑纹）；趾爪金黄，其上密布淡黄色长毛。

长江河蟹种生长快，个体较大，经济效益较高。

二、养殖技术

20世纪80年代以来，全国各地不同程度地开发了池塘养蟹、稻田养蟹、河沟养蟹、草荡养蟹（图4-3）、水库养蟹等各具特点的养蟹形式。从养殖现状看，无论采用何种养殖类型或养殖形式，蟹种质量、环境条件和饲养技术是目前直接影响饲养效果的三大基本要素。所以，选放优质蟹种（长江品系）、创造优质环境（水清草多）、实施科学饲养是确保养蟹成功的前提条件。

池塘饲养商品蟹是目前河蟹养成的主要类型之一，可分为池塘专养、蟹虾混养、鱼蟹混养等形式。其中，在池塘专养商品蟹时，为改善水质，防止环境恶化，也可搭养少量不同规格的鲢、鳙鱼等。

图 4-3 草荡湖养蟹

(一)池塘专养商品蟹技术

1.蟹池条件

商品蟹饲养池(成蟹池)要求水源充足,无农药或工业污染;水质清新,透明度 0.35～0.5 m;面积一般以 2 000～6 600 m^2 为宜,形状以东西长南北宽(3∶2 或 5∶3)的长方形为好;池深 2 m 左右,坡比 1∶3 以上,池底留淤泥 0.1～0.15 m,以利于水草及底栖动、植物生长繁殖(图 4-4)。

图 4-4 河蟹养殖池

2. 防逃设施

河蟹善攀爬、易逃逸，尤其当入秋商品蟹达到性成熟后，趋逃性更为明显。因此，在商品蟹饲养中必须在池塘四周用塑料板、白铁皮或尼龙薄膜等耐用材料围筑牢固可靠的防逃围栏。用尼龙薄膜作防逃设施的方法为：先在池塘四周固定木条或竹条作桩，每隔 1 m 平行固定 2 根；然后将薄膜夹在 2 根木条或竹条之间，用铁丝将木条或竹条夹紧；条桩之间用铁丝相连，以固定薄膜上部，而将靠近底部的薄膜入土，用砖石压紧、盖土压实。要求薄膜高出地面 0.6 m 左右，木条或竹条略高于薄膜。根据质量，薄膜可用单层或双层。如能在薄膜防逃墙外面、靠塘埂外侧，再用尼龙网片和竹木桩围筑一道网墙，则效果更好，不仅防逃更有保证，而且可更有效地防止陆生天敌入侵。此外，在进排水口也应采用适宜的材料安装好防逃设施。

3. 清塘消塘

养蟹池塘，无论是新开塘还是经养塘，在蟹种放养前均需彻底清塘消毒。其中，对于常养塘，在池塘清整后一定要曝晒池底数天，以矿化改良底质；药物消毒时，生石灰的用量也应适当增加。清塘消毒工作一般宜在蟹种入池前 10～15 d 进行，以便放养前完成水草移栽。

4. 水草移栽

水草具有充当饵料、净化水质、调节水温、栖息隐蔽、提高品质等多种作用，“蟹大小、看水草”，因此，要想养好蟹，应先栽好草。在蟹种放养前，先在池底及坡面栽植适量的苦草、轮叶黑藻、菹草、聚草、伊乐藻等水生植物，方法可选用栽插法、抛入法、移栽法、培育法、播种法等。在水面还可移放浮萍、水葫芦等浮水植物。各种水草的移栽总量以能覆盖池面的 1/2～2/3 为度。

5. 螺蛳放养

放养鲜活螺蛳能够确保河蟹生长过程均有适口的鲜活天然

动物饵料，既可节约人工配合饲料，又可净化池塘水质。一般在清明前后，每 667 m^2 投放鲜活螺蛳 200 kg，7 月后视蟹池水质情况及存塘螺蛳多少适当增补。

6. 蟹种放养

蟹种（扣蟹）是商品蟹饲养的重要基础，其质量优劣直接关系到养殖成活率、商品出池规格、单位面积产量和养殖经济效益。因此，对于蟹种的质量必须特别重视。

蟹种最好能够自己培育，也可向外地选购。采购蟹种时，应严把质量关和数量关，重点要了解产地环境、蟹种品系，宜从淡水地区选购，以品质纯正的长江天然蟹种或长江人繁蟹种为首选，要求规格每千克 100～200 只，大小整齐，肢体完好，活动敏捷，无病伤畸形。同时还应注意蟹种的离水时间尽量不要太长，切忌酷热或严寒之时及大批蜕壳之际收捕、购运蟹种；抽样、称重、计数不得马虎。

蟹种的放养密度可视环境条件、管理水平及预期产量而定。如环境水源充足、饵料丰富、管理水平较高，计划每公顷产 750 kg 以上，每 667 m^2 可放养 500～800 只；如水源不足、环境条件较差、缺饲料少技术，则每 667 m^2 密度可减至 300～400 只，每公顷产量在 375 kg 左右。此外，放养密度也可根据蟹种规格及商品出池规格要求，结合环境条件及管理水平加以确定。如蟹种规格每千克 80～120 只，要求出池规格达到每只 125 g 以上，每 667 m^2 可放养 800～1 000 只；蟹种规格每千克 120～300 只，要求出池规格每只达到 100～125 g，每 667 m^2 可放养 1 000～1 200 只；蟹种规格每千克 300～500 只，要求出池规格达到每只 125 g 以上，每 667 m^2 可放养 600～800 只。

蟹种入池时，除自育的蟹种就近放养外，购自外地的蟹种均应事先进行池水适应。方法是将蟹种在池水中浸泡 2～3 min，取出静置 10 min 左右，再浸泡，如此重复 2～3 次，即可在近水边将蟹放出，任其自行爬入水中。

7. 饲料投喂

目前，河蟹养殖所用的人工饲料包括植物性饲料、动物性饲料和人工配合饲料3大类，常用品种有豆饼、花生饼、玉米、小麦、地瓜、南瓜、麸皮、米糠、瓜果、菜类、小杂鱼、鱼粉、螺蚌、动物内脏及自制或专用配合饲料等。除黄豆、玉米、小麦等投喂前需煮熟外(图4-5)，其他各种饲料一般无须加工，但以多种饲料混合为好。

图4-5 河蟹摄食饲料

饲料要按照“两头精，中间粗、荤素搭配、青精结合”及“四定”原则科学投喂，即养殖前期和后期要以河蟹颗粒饵料、动物性饲料为主，养殖中期的高温季节则以草青饲料为主。日投饲量可控制在池蟹总重的8%～10%，以蟹能够吃尽为宜，以傍晚投喂为主，上午投喂量占日投饲量的1/3。

8. 日常管理

商品蟹饲养的日常管理工作主要包括巡塘、防逃、防除病害、调控水质及保护软壳蟹等。

巡塘的目的在于观察河蟹的活动及吃食情况，检查有无残剩饲料和病蟹死蟹、掌握池塘水位及水质变化，以便及时发现问题，及时改良补救。确保蟹池环境清洁卫生是促进河蟹生长和减免病害发生的重要措施，其作用及效果往往胜于药物防治。因此，在巡塘中应随时清除池中的残饵污物杂渣，及时捞除病蟹和死蟹；并根据水质变化，经常注加新水，及时更换老水，适时适量泼洒生石灰，以保持水质清新，溶氧丰富。商品蟹池水位应根据季节调节，一般常年水位应保持在 0.8～1.5 m，其中 6—9 月是河蟹的生长旺季，水深宜控制在 1～1.5 m；春季和晚秋水深维持 0.8～1 m 即可。

水质调控主要通过适时换注水实现，在河蟹主要生长季节要求每周换注水 1 次；而在河蟹蜕壳盛期，更应勤注勤换；平时可视水质状况，确定注换与否。一旦发现水质恶化，及时进行注换水调节，并泼洒生物净水剂等以改良底质和水质。为增加水中钙质，通常应每隔半月左右全池泼洒生石灰 1 次，用量为 20～25 g/m^3。

拦蟹防逃是池塘商品蟹饲养成功的关键之一。在整个饲养过程中，要始终结合巡塘，经常检查防逃设施及进排水口，发现破损及时检修。入秋后，随着河蟹性腺逐渐成熟，外逃趋势日益明显，更应加强值班巡查，严防河蟹攀爬出逃。此外，应随时设法驱除危害河蟹的敌害生物，如鹭、鸥、水蛇、水鼠、青蛙等。

9.池蟹捕捞

池塘商品蟹的捕捞应把握适宜时机，过早性腺发育尚未充分，蟹体不够壮实；过迟河蟹避寒穴居，捕捞困难。一般长江蟹宜在 10 月上旬至 11 月中旬捕捞。可边售边捕，也可集中捕捞，将待售的商品蟹雌、雄分开，按不同规格分池暂养，再根据市场需求适时出售，以提高效益。

捕捞方法为岸上捕捞与干塘捕捞相结合，即早期主要利用河蟹晚上上岸的习性在岸边徒手捕捉，数日后，待上岸蟹不多时再干塘进行捕捞。

(二)早繁蟹苗当年养成商品蟹技术

早繁蟹苗经大棚培育可提前育成大规格仔蟹。将这些仔蟹适时放养于池塘等适宜水域,通过强化饲养管理,大部分可当年饲养成符合市场需求的优质商品蟹,从而缩短饲养周期,取得较好的经济效益。因此,在有条件的地方,可以应用此项技术。与常规饲养商品蟹相比,早繁蟹苗当年养成商品蟹成功的关键是应抓好下列技术环节:

1. 仔蟹规格选大

应尽量选择由 4 月前后出池蟹苗培育而成的大规格仔蟹,每千克以 2 000 只以内为好,且宜大不宜小。此外,所选仔蟹应种质纯正,符合优质要求。

2. 饲养水域选优

放养水域要求水源充足、水质清新、无污染、溶氧充足、饵料丰富、水草较多、病虫敌害较少、进排水方便;面积适中(1 300～13 000 m^2),水深适宜,深、浅水区分布合理,其中浅水区水深 0.1～0.4 m,深水区水深为 1.2～1.5 m;两者比例各占总水面的 1/3 和 2/3。

3. 放养时间选早

可自 4 月开始,当水温升至 15℃以上时即可及时放养,且宜早不宜迟。放养时,可按每 667 m^2 500～600 只的密度,于晴天将仔蟹放养于背风向阳多水草的水面,任蟹自行爬入水中。

4. 饲养管理选严

严格要求,强化饲养管理是确保早繁蟹苗当年养成商品蟹的重要关键,其中:饲料高营养、水体高溶氧及管理高水平是促使河蟹快速生长发育,从而实现当年养成目标的根本保证。

在饲养管理中,要重点抓好强化投饲管理、水质管理和日常管理。投饲应以动物性饲料为主,适量辅以植物性饲料,每天投喂 3～4 次,确保河蟹吃饱吃好;必要时,可在饲料中适量添加钙质或在水体中定期泼洒生石灰。平时应坚持勤巡塘，经常注意观察水质变化及河蟹生长情况，做好水质调控、防病防逃及清除敌害等工作。

5. 捕捞季节选迟

为了使河蟹性腺充分成熟，确保蟹体壮实，早繁蟹苗饲养商品蟹的捕捞时间应尽量推迟，捕蟹可迟至 10 月中下旬开始，但在捕捞前要特别注意防逃及防冻工作。

（三）健康养蟹技术

河蟹健康养殖技术是在传统养蟹的基础上，通过创造自然生态环境、放养无病菌苗种、改进饲养管理、不随意使用药物及其他化学制品等措施，以实现商品蟹无公害。推行河蟹健康养殖技术是今后河蟹养殖的发展方向，符合水产品质量安全要求。实行健康养殖技术的关键是应重视下列技术环节：

1. 改进进排水系统

对于集中连片的蟹池，应将进水总渠与排水总渠分开。在饲养过程中，应定期对进排水总渠进行清整消毒。

2. 改进蟹池生态环境

对于面积 6 600 m^2 以下的养蟹池应改平底为环沟或“井”字形沟。对于面积 6 600 m^2 以上的养蟹池应改平底为交错沟形。加大池埂坡比，以 1∶3 以上为宜。

3. 改进饲养管理技术

（1）干塘清淤　每年应结合捕捞，及时清除池内过多的淤泥，并曝晒池底。清塘药物应视需要进行更新调整，以生石灰为首选。

（2）调整放养　改蟹种冬放为春放，以便清淤消毒；改河蟹单养为蟹鱼混养，适量搭放鲢鲫鱼等，以调节改善水质；改高密度放养为适度稀养（每平方米 1 只），以扩大上市规格，提高经济效益；

改外购蟹种为自育蟹种，以利于计划生产、确保蟹种质量。

(3)优化投饲　动物性饲料应保持新鲜洁净，经洗涤消毒后投喂；禁投腐败变质的动物性饲料；外购的海水杂鱼应先经检疫合格后方能投喂；植物性饲料应经处理后投喂；多投熟化饲料；提倡使用全价颗料饲料，以减少投饲对水体的影响。

4. 加强预防措施

(1)环境检测　养蟹环境的水土质量应符合无公害渔业标准，为产品质量无公害、绿色化把住源头。

(2)苗种检疫　外购的蟹种应经检疫确认无病害才能放养，以避免外来病原入侵而传播新病。

(3)移栽水草　池底移栽苦草等沉水植物；水面移放水葫芦等浮水植物；确保水草总量占蟹池面积的1/3以上，以净化水质、改良生态环境。

(4)调节水质　始终保持水体呈微碱性；适时加注新水；定期泼洒生石灰；必要时可投放光合细菌及其他生物净水剂，以改善底质，稳定水体环境。

(5)及时防病　发现病蟹、死蟹及时捞除，以免二次交叉感染；防治蟹病应做到对症用药；切忌滥用药物及盲目增大药量或增加用药次数或延长用药时间；选用药物应以高效、低残留为标准，提倡使用生物渔药，以防止有毒物质残留，提高产品质量。

三、疾病防治

(一)寄生虫疾病

1. 蟹奴病

主要症状：病蟹躁动不安，食欲差，有时步足撑起腹脐张开下垂。在体表上没有十分明显的病灶，仅腹部略呈臃肿，打开腹部可看到腹部内侧寄生有许多白色或半透明状的颗粒，数量不等，7—8月时颗粒较硬，以后逐渐变软。病蟹雌雄难辨，雄蟹的脐略呈椭圆，近似雌蟹，而雌蟹的脐为近似三角形，粗看又像雄蟹。解剖检查，蟹性腺遭到严重破坏，有的甚至看不到精巢和卵巢。河蟹寄生蟹奴后，不能再蜕壳，一般不能长成商品规格。

防治方法：

(1)在投放幼蟹前严格清池，杀灭池内蟹奴幼虫。

(2)严格检疫，剔除患病的幼蟹。

(3)用硫酸铜和硫酸亚铁合剂(5：2)全池泼洒，使池水浓度保持 0.5～0.7 mg/kg。

(二)细菌性疾病和病毒性疾病

1. 甲壳溃疡病

主要症状：病蟹甲壳出现褐色、棕色点状病灶，这些斑点逐步发展连成块，中心部位溃疡，边缘呈黑色，严重时甲壳被侵袭成洞。

防治方法：

(1)改善水质，定期用生石灰或含氯消毒剂全池泼洒消毒。

(2)避免损伤蟹体表、附肢及其他部位。

(3)发病时用五倍子 1.0 mg/kg 煎液，连渣一起全池泼洒，连续 3 d。

2. 肠道水肿病

主要症状：病蟹游动缓慢，反应迟钝，食欲不振，背甲与腹部之间肿大并开裂，步足关节水肿。解剖可见鳃腔充满黏液，肌肉有积水，胃肠膨大、水肿，肠壁透明、肛门红肿，晚期整个肠腔肿胀，最后死亡。该病流行季节在 6—8 月。

防治方法：

(1)在蟹病流行季节，定期用生石灰全池泼洒，保持水质清新。应做好饵料消毒工作，及时清除残饵，杜绝传染源。

(2)大蒜捣碎，用 1.0％～2.0％拌和饵料投喂，隔天 1 次，连续 3～4 次。

3. 肠胃气病

主要症状：病蟹消化不良，肠胃发炎、胀气。打开腹盖，轻压肛门，有黄色黏液流出。

防治方法：方法同肠道水肿病。

4. 颤抖病（抖抖病、环爪病、抖脚病）

主要症状：该病的典型症状为步足颤抖、环爪、爪尖着地，腹部离开地面，甚至蟹体倒立。病蟹反应迟钝、行动缓慢、螯足下垂无力、蜕壳困难、吃食少或不吃食。解剖蟹体，可见体内积水，肌肉萎缩，鳃丝呈浅棕色或黑色，血淋巴液稀薄、凝固缓慢或不凝固，肝胰腺呈淡黄色、严重时呈灰白色并糜烂，三角膜肿胀，胃肠无食。病蟹短期内死亡。

防治方法：

(1)彻底清塘　定期泼洒生石灰，经常换水，以改善池塘水质和底质。

(2)种植或移栽水草　为河蟹营造良好的生活环境，实践证明水草少的池塘发病率高。

(3)采取鱼蟹混养、鱼蟹轮养　以减轻池塘的生物负载力。

(4)严格检疫　放养健康无病的蟹种，不从疫区引入蟹种，并对蟹种进行消毒。

(5)治疗　患病时用二氧化氯 1 mg/kg 全池泼洒，连用两次。投喂抗菌、抗病毒药饵，连喂 7 d。如病情严重，内服的药量可以加倍。在河蟹停止死亡后再投喂 3 d 药饵，以巩固疗效。如池中混养吃食性鱼类，应先投喂鱼饵料，当鱼吃饱后再投药饵。

(三)非寄生性疾病及生物敌害

1. 蜕壳不遂病

主要症状：病蟹头胸甲后缘与腹部交界处或侧板线出现裂口，但不能蜕去旧壳或只能蜕去部分旧壳，最终导致蟹死亡。

防治方法：

(1)保持水质清新，水位适宜，环境安静。水中多栽些水草，以供河蟹蜕壳时隐蔽和附着。

(2)饲料中添加蜕壳素、甲壳素，用量0.1%～0.2%。每月用生石灰化浆全池泼洒1次，使池水浓度为15～40 mg/kg，同时施用过磷酸钙，使池水浓度为0.5～1.0 mg/kg。

2.蟹种因性早熟而引起的死亡

主要症状：蟹种规格一般在15～50 g，体内性腺却已发育成熟。病蟹几乎不爬入池水中，而是在堤埂上防逃墙基部来回爬动，无打洞掘穴现象，但显得骚动不安且不摄食，有抱对现象。蜕壳期间侧板线已裂开，但无蜕壳反应。一般于3月底开始出现死亡，4、5月出现死亡高峰。

防治方法：

(1)进行种质改良，培养优良品种。

(2)适当增加蟹苗放养密度。等蟹苗变成仔幼蟹时，再根据仔幼蟹的实际生长情况适当增减其数量，调整其密度。

(3)降低育苗水温，推迟出苗时间。适当增加蟹种池的水深和换水次数，并对蟹种池进行遮阳通风，以设法降低池水温度。

(4)控制投饵。防止饵料过多过精，特别要控制动物性饵料投喂过量，忌用促生长剂等药物。

3.软壳病

主要症状：河蟹在蜕壳后，长时间甲壳不变硬(超过33 h)，用手捏通体柔软。病蟹不食不动，易遭受敌害侵袭。

防治方法：

(1)在蜕壳高峰期，定期施放生石灰和磷肥。

(2)在饲料中注意营养平衡，动植物蛋白配比合理：饲料中可适当添加胆固醇、蜕壳素、营养盐等物质，以促进蜕壳。

4. 中毒病

主要症状：河蟹活动失常，背甲后缘与腹部交接处胀裂出现假性“蜕壳”，或三角膜呈红黑泥性异色，鳃丝粘连呈水肿状，或河蟹的腹脐张开下垂，肢体僵硬步足撑起或与头胸甲离异而死亡。死亡肢体僵硬、拱起，腹脐离开胸板下垂，鳃及肝脏明显变色。

防治方法：

(1)清塘忌用有残毒药物。

(2)勤换水，定期用生石灰、漂白粉泼洒。严格控制已受农药(化肥)或其他工业废水污染过的水进入池内。

(3)池中栽植水花生、聚草、凤眼莲等有净化水质作用的水生维管束植物，同时在进水沟渠也要种上有净化能力的水生植物。

(4)投喂营养全面，新鲜的饵料。

(5)一旦发现上述症状，首先迅速降低池中水位，同时，彻底换水。针对不同的毒源，采用药物中和等措施。目前对有机磷农药中毒防治办法，最有效的就是换水，也可用解磷定；如是重金属离子污染中毒，可用2～4 mg/kg EDTA，全池泼洒，也可用5～10 mg/kg生石灰化浆后全池泼洒。

5. 生物敌害其及防治

生物敌害有水蜈蚣、华鳔蚤、摇蚊幼虫、鼠类、蛙类、鸟类、螯虾、青苔等。

防治方法：

(1)用生石灰彻底清塘　以杀灭各种敌害生物。摇蚊幼虫较多的养殖池可用0.2%～0.3%福尔马林泼洒，敌百虫、漂白粉效果不佳。

(2)灭鼠害　在养蟹池四周定期放鼠药或安放鼠笼、鼠夹、电猫等灭鼠工具并设置拦网或墙，防止青蛙跳入池中。

(3)防敌害生物　进水时用网布裹住进水口严格过滤，防止将敌害生物放入育苗池。

(4)诱集捕杀　利用水蜈蚣、蛙类等的趋光性，用灯诱集后，用特制小捞网捕杀。

(5)防鸟害　用鸟枪或草人驱赶威吓攻击软壳蟹的鸟类或将软壳蟹移至隐蔽处，使之免受侵害。

(6)防青苔　用 0.5 mg/kg 硫酸铜溶液对青苔泼洒。

第三节　典型案例

嘉善县西塘镇下甸庙村河蟹养殖户王龙观，承包池塘水面净面积 55 亩，共分为 4 个塘，其中 1 个 3 亩的小塘培育蟹种，3 个大塘主养商品河蟹。蟹种采用自育的方式，从大眼幼体培育到扣蟹。大眼幼体购自江苏如东，2015 年共培育河蟹扣蟹 700 kg，自留 500 kg，卖出 200 kg，平均亩放扣蟹 1 200 只/亩。到 2015 年 11 月底，共收获商品蟹 5 500 kg，平均价格 80 元/kg，共收入 44 万元。

养殖成本合计支出为 19 万元，主要为：①河蟹苗种自己培育并出售部分扣蟹，收支基本平衡；②饲料费共支出 11.1 万元，其中配合饲料 2.8 万元、螺蛳 1.8 万元、饵料鱼 5 万元、豆粕玉米 1.5 万元；③池塘租金：6 万元；④生物制剂、底改和中草药等 1.2 万元；⑤水电费 0.7 万元；⑥人工主要为家庭劳力，不计入成本。

养殖总效益 25 万元，亩净收入 4 545 元。河蟹养殖过程中，可以搭配养殖花白鲢、青虾、鳜鱼、鳗鱼等品种，在不影响河蟹养殖的前提下，采用立体养殖模式，能取得更好的效益。套养品种需具备以下特点：有市场，产品价格较高，易销售；有利于改善养蟹环境；有利于提高蟹池综合效益。

第五章

青鱼养殖技术

第一节　生物学特性

青鱼，学名 *Mylopharyngodon piceus* (Richardson)，地方名黑鲩、螺蛳青、乌青。属硬骨鱼纲鲤形目鲤科雅罗鱼亚科青鱼属。

青鱼养殖彩图

一、外形特征

青鱼体长，略呈圆筒形，尾部侧扁，腹部圆，无腹棱。头部稍平扁，尾部侧扁。口端位，呈弧形。上颌稍长于下颌。无须。下咽齿 1 行，呈臼齿状，咀嚼面光滑，无槽纹。背鳍和臀鳍无硬刺，背鳍与腹鳍相对。体背及体侧上半部青黑色，腹部灰白色，各鳍均呈灰黑色(图 5-1)。

图 5-1 青鱼

体圆筒形。腹部平圆，无腹棱。尾部稍侧扁。吻钝，但较草鱼尖突。上颌骨后端伸达眼前缘下方。眼间隔约为眼径的 3.5 倍。鳃耙 15～21 个，短小，乳突状。咽齿一行，4(5)/5(4)，左右一般不对称，齿面宽大，臼状。鳞大，圆形。侧线鳞 39～45。体青黑色，背部更深；各鳍灰黑色，偶鳍尤深。背鳍软条 7～9 枚；臀鳍软条 8～10 枚，体长可达 145 cm。

二、生活习性

青鱼习性不活泼，通常栖息在水的中下层，食物以螺蛳、蚌、蚬、蛤等为主，亦捕食虾和昆虫幼虫。青鱼生长迅速、个体较大，行动有力，不易捕捉。青鱼在 0.5～40℃ 水温范围内都能存活。繁殖与生长的最适温度为 22～28℃。水中溶氧量低于 1.6 mg/L 时青鱼呼吸受到抑制，低至 0.6 mg/L 时开始窒息死亡。青鱼日摄食量通常为体重的 40% 左右，环境条件适宜时可达 60%～70%。青鱼在鱼苗阶段，主要以浮游动物为食。仔鱼体长 7～9 mm 时进入混合性营养期，此时一面继续利用自身的卵黄，一面开始摄食轮虫和无节幼虫；10～12 mm 时，摄食枝角类、桡足类和摇蚊幼虫；体长达 30 mm 左右时食性渐渐分化，开始摄食小螺类。

青鱼具有河湖洄游习性，每年4—6月，亲鱼在长江急流中产卵，生殖后又回到各支流湖泊中生活，冬季在深水处越冬。青鱼是长江中、下游和沿江湖泊里的重要渔业资源和各湖泊、池塘中的主要养殖对象，为我国淡水养殖的“四大家鱼”之一，分布于中国各大水系，主产于长江以南平原地区，为我市主要水产养殖品种之一。

三、经济价值

青鱼肉厚且嫩，味鲜美，刺大而少，是淡水鱼中的上品，经济价值很高。每百克青鱼肉含蛋白质19.5 g，脂肪5.2 g。青鱼中除含有丰富蛋白质、脂肪外，还含有丰富的硒、碘等微量元素，故有抗衰老、抗癌作用；青鱼体内还含有二十碳五烯酸（EPA）与二十二碳六烯酸（DHA），EPA具有扩张血管、防止血液凝结等作用；DHA对大脑细胞、特别对脑神经传导和突触的生长发育作用有着极其重要的关系。同时，青鱼还有一定的药用价值，具有补气养胃、化湿利水、祛风除烦的功效，可用于气虚乏力、脚气湿痹、头晕无力、未老先衰、烦闷、疟疾、水肿、血淋等症；青鱼鳞冻可用于治鼻衄、齿龈出血和紫癜；鱼胆可医治眼角膜炎、扁桃体炎及恶疮等病症，但胆汁有毒，不可滥用。

第二节　养殖概况

嘉兴因其地理和气候条件独特、优越，盛产螺、蚬，非常适宜青鱼的生活习性，因此一直有青鱼养殖的传统习惯，也造就了嘉兴青鱼的优良品质。与此同时，这一带的渔农也逐渐形成了每年腊月以后家家户户晒制青鱼干的传统风俗，青鱼干清蒸、炖肉更是成了除夕团圆饭中不可缺少的一道美味。自1963年嘉兴养鱼场王江泾苗种场突破青鱼人工繁育关后，嘉兴青鱼产业才初具规模。截至目前，嘉兴市先后建设了国家级长江四大家鱼原种场，省级青鱼良种场，国家级青鱼标准化养殖示范区，青鱼加工省，市级农业龙头企业，初步形成了原种保护—良种繁育—标准化养殖—产业化加工销售的青鱼全产业链，青鱼及其完整的产业链已成为嘉兴市渔业的一大亮点。青鱼产业规模在省内处于领先地位，在嘉兴市水产养殖业中具有举足轻重的地位。

第三节 人工繁育技术

一、环境要求

1.场地环境要求

基地四周生态环境良好，水源充足，交通便利，无或不直接受工业“三废”及农业、城镇生活、医疗废弃物污染的水(地)域。养殖地区域内及上风向、灌溉水源上游，没有对产地环境构成威胁的(包括工业“三废”、农业废弃物、医疗机构污水及废弃物、城市垃圾和生活污水等)污染源。基地周边环境安静且无高大建筑物。

2.养殖池要求

苗种池面积以 667～3 335 m^2 为宜，亲鱼培育池 3 335～6 670 m^2 为宜。池深 2～2.5 m。池形以长方形为宜，长、宽比 3∶2。养殖池底质无工业废弃物和生活垃圾，无大型植物碎屑和动物尸体。底质无异色、异臭，自然结构。底质有害有毒物质最高限量符合国家有关规定要求。淤泥不超过 30 cm。

3.水质要求

不得使用使鱼体带异色、异臭、异味的水源水，水面不得出现油膜和浮沫，水体中悬浮物质、重金属及农药残留符合有关规定要求;水体 pH 在 6.5～8.5,DO 一般在 5 mg/L 以上,最低不低于 3 mg/L。

二、亲鱼选择

1. 亲鱼来源

一是从青鱼天然种质资源库选取亲鱼,或从上述水域中采集鱼种或幼鱼经专门培育成亲鱼;二是从江河、水库和湖泊等未经人工放养的天然水域中选取亲鱼,或从上述水域中采集天然苗种或幼鱼经专门培育成亲鱼;三是由持有原种生产许可证的国家级、省级原种场提供的亲鱼,或从上述原种场的苗种或幼鱼经专门培育成亲鱼。

2. 亲鱼质量

青鱼亲鱼应体形体色正常,体质健壮,无疾病,无伤残和畸变。雄亲鱼胸鳍、鳃盖上出现追星,轻压腹部有乳白色精液从泄殖孔流出,雌亲鱼胸鳍、鳃盖上追星不明显或无追星,腹部膨大、柔软而有弹性,泄殖孔稍突出、红润。雄鱼性成熟年龄一般在 5～6 足龄,雌鱼性成熟年龄一般在 6～7 足龄;性成熟个体性腺每年成熟一次,一次产卵。初次性成熟的青鱼不能用作人工繁殖的亲鱼。

3. 亲鱼培育

青鱼亲鱼应专池培育,培育池面积以 0.1～0.5 hm^2 为宜。水深常年保持 1.5～2.5 m,透明度不低于 30 cm。培育池每 2～3 年干池修整一次,清除多余的淤泥和螺蚬壳。每年用生石灰或漂白粉消毒。每公顷放养青鱼亲鱼 100～125 尾,总重量在 2 500 kg 以内。每公顷可搭养鲢鱼亲鱼 60～90 尾或鳙鱼亲鱼 15～30 尾,不准搭养其他规格的小青鱼,也不准搭养鲤、鲫或其他底栖肉食性和杂食性鱼类。培育青鱼亲鱼的饲料应以鲜活的螺、蚬和豆粕等为主,少量青鱼膨化颗粒饲料为辅。摄食旺盛的夏秋季每天或隔一两天投喂一次。投饲应经常、均衡、不断食。不得投喂变质的螺蚬和霉变的饲料。开春后要适时用水泵在池塘内进行流水刺激,以促使亲鱼性腺成熟。3—5月适时进行拉网检查,观察亲鱼性腺成熟情况,对性腺成熟度差的亲鱼,要进行强化培育。

三、产卵孵化

1. 亲鱼催产

催产时间长江流域选择在5月中旬至6月上旬,催产水温为22~29℃,最适水温为25~28℃。青鱼成熟度直接影响催产效果,青鱼在催产配组时应严加选择,雄鱼的选择标准是轻挤腹部生殖孔中有精液流出,温水后能散开来,雌鱼腹部膨大,松软有弹性,腹部鳞片较稀疏的为好。青鱼催产常用药物有"PG"、脑垂体、"LRH-A"促黄体素释放激素类似物、"HCG"绒毛膜促性腺激素、GTH促性腺激素、"DOM"地欧酮等催产剂,通常用3~4种药物的混合剂催产效果较好,并采用二次注射法催产要较高,雌鱼第一针每千克注射LRH-A 2~5 mg,针距8~12 h后,再注射第二针,剂量为LRH-A 10~20 mg +PG 2~4 mg +HCG 500~1 200 IU或再加DOM 5 μg,调配成混合剂,采用腹腔注射,雄鱼注射剂量为雌鱼剂量的1/3~1/2,效应时间为8~10 h。注射第二针催产剂后,把青鱼种放回产卵池,等达到效应时间时青鱼发情时及时进行人工采卵受精,效益时间的长短,随水温的高低而变化,水温25~28℃,效益时间为8~10 h,此时要认真观察青鱼发情的动情,青鱼发情时间一到,把青鱼捕起,用鱼担夹装好青鱼进行检查。此时若雌鱼轻压腹部,鱼卵能自行从生殖孔中流出,雄鱼能挤出精液温水自行迅速散开的,就可开始人工采卵。

2. 人工授精

进行干水人工授精，如不能采到天然精卵子，就把青鱼种放回产卵池，等待青鱼发情，采的卵子和精子应使其充分混合，使其受精，做人工授精时避免阳光直射杀伤卵子，授精后应迅速把受精卵用水调稀后放入环道内孵化，做人工授精前应做好人员、工具、脸盆、网具、鱼床、毛刷等的准备工作，人员协调配合好做到动作轻快，以免青鱼种受伤。

3. 产卵孵化

孵化采用孵化缸和孵化环道。容水 150～250 kg 的孵化缸可放卵 40 万～80 万粒，孵化环道每立方水体放卵 60 万～100 万粒。孵化前对孵化设施进行修整，严防漏水跑苗，用 30 mg/L 高锰酸钾药液，彻底消毒，然后用清水洗刷干净。孵化用水应符合 NY 5051 的规定，用前经 12.4 网目/cm^2（80 目）尼龙筛绢过滤，防止敌害生物和污物。孵化过程中调节好水体流速，水流量以翻起鱼卵为宜，鱼苗出膜后至平游前，流量可适当增大，鱼苗平游后宜减少。孵化过程中出现水霉菌后，用 20 mg/L 高锰酸钾药液浸泡 5 min。出现大量剑水蚤等浮游动物，可用 0.5 mg/L 的 90% 晶体敌百虫杀灭。受精卵经 4～5 d 孵化，即可出苗。

4. 出苗

孵化桶出苗时将孵化缸的进水管关闭，打开出水管阀，用连接管将鱼苗放入集苗箱内，然后进行过数、发苗，最后将鱼苗连水移入鱼苗箱。孵化环道出苗时则在环道中放入弶网和集苗箱，集苗箱中收集鱼苗达一定密度时，分几次带苗移入鱼苗箱。鱼苗运输用规格 50 cm×55 cm 双层尼龙袋带水充氧运输，每袋装透明度 50 cm 以上的清水 7～8 kg，充氧密闭装箱，水温 22～25℃时，每袋装苗 10 万尾，运输≤12 h。水温 26～29℃时，每袋装苗 5 万尾，运输≤8 h。

四、鱼苗培育

1. 培育前准备

培育池塘于 4 月底排干池水，整修好塘埂，整平池底，曝晒 7～10 d。鱼苗放养前 10～15 d 进行，每 667 m^2 用 100～150 kg 生石灰化浆趁热全池均匀泼洒，并用铁耙来回翻动淤泥。鱼苗放养前 7 d，抽干消毒水，经 9.3 网目/cm^2（60 目）筛绢网过滤注入 60 cm 新水，每 667 m^2 施放 150～200 kg 经发酵的牛羊厩肥。

2. 鱼苗放养

每 667 m^2 水面放养鱼苗 15 万～20 万尾。在晴天池塘上风处放苗，运输环境中水温与池塘水温差不能大于 3℃。鱼苗规格整齐，鱼体半透明，有光泽，集群游动活泼，逆水游动能力强，能平游和主动摄食。

3. 培育管理

放养前 15 d 采用豆浆饲养，每天喂两次，上午 8～9 时，下午 1～2 时。每天每日用黄豆 3～4 kg/667 m^2，15 d 后转投浓厚的豆糊或大麦粉全池抛洒。培养前期，池塘水深保持 0.8～1.0 m，每隔 7 d 加水 10 cm，培养后期水深 1.0～1.2 m，池水透明度 25～30 cm，保持适当浮游动物生物量。6 月中旬至 7 月中旬，鱼苗经 20～30 d 的培育，规格达到 2.5～3.0 cm 进行二次拉网锻炼，然后出塘转入一龄鱼种培育阶段。

五、鱼种培育

1. 一龄鱼种培育

鱼种放养时间在 6 月中旬至 7 月中旬。放养密度为每 667 m^2 放养夏花 8 000～10 000 尾，搭养 3 cm 鳙鱼 100～120 尾。放养鱼种要求体形体色正常，鳍条鳞被完整，体表光滑有黏液，游动活泼，体表和鳃部无可见寄生虫和病灶。其他搭养夏花鱼种要求游动活泼，顶水性强，规格整齐，体色光泽，体形正常。鱼种放养前用3%食盐水浸浴5～10 min消毒。培育前期以芜萍、豆饼浆、糠饼浆、大麦粉等为主，中后期以轧碎的螺蚬、颗粒饲料为主，粗饲料或青饲料应新鲜、清洁。精饲料日投二次，投饲时间上午8～9时，下午3～4时。青鱼种长到15 cm以上后日投喂轧碎的螺蚬一次。全年投饲量根据目标产量，一般每667 m^2投饲精饲料总量500～600 kg。日投饲量以5～6 h吃完为度。鱼种培育至立冬以后拉网并塘或第二年养殖时直接放养。

2. 二龄鱼种培育

鱼种放养时间在1—3月进行。选择晴天放养。采用专塘培育的每667 m^2放养一龄青鱼种1 000～1 200尾，放养鱼种要求体形体色正常，鳍条鳞被完整，体表光滑有黏液，游动活泼，体表和鳃部无可见寄生虫和病灶。混养15 cm的鲢鱼300尾，15 cm的鳙鱼60尾，主要投喂螺蚬、膨化配合饲料等，全年投饲量根据目标产量、饲料系数制定，亩产二龄青鱼种350～550 kg，需投粗蛋白含量30%的膨化配合饲料180～270 kg，螺蚬5 500～8 500 kg，分配比例按照3—6月15%～20%，7—9月65%～70%。10—12月10%～20%分配投饲量，其中螺、蚬按照饲料系数折算用量以不少于总投饲量的70%为宜。采用成鱼塘混养的每667 m^2放养一龄鱼种50～150尾，投喂螺蚬不需要轧碎。

3. 三龄鱼种培育

采用专塘培育的放养密度为每667 m^2放养二龄青鱼种400尾，混养鲢鱼200尾左右，规格每尾30～50 g，鳙鱼60尾左右，规格每尾50～75 g。采用成鱼塘混养的每667 m^2放养二龄青鱼种100～150尾，质量要求应符合GB 9956的规定。投喂螺蚬不需要轧碎。

第四节　成鱼养殖技术

一、养殖环境

1. 场地环境要求

基地四周生态环境良好，交通便利，水源充足，附近无污染源。

2. 养殖池要求

池塘面积每只 2 000～6 667 m^2，平均水深 2 m，池形长方形为宜，长宽比为(2～3)：1，光照充足，四周无高大建筑物，塘埂坚实不漏水，宽度 1.5～2.5 m，坡比为 2.0～2.5，塘底平坦并向排水口呈 1%～2%倾斜，淤泥少于 30 cm，排灌方便(图 5-2)。

图 5-2　青鱼标准化养殖基地

3. 水质要求

不得使用带异色、异臭和异味的水源水，水面清澈无油膜和浮沫出现，水体中悬浮物质、重金属及农药残留符合有关规定要求；水体 pH 为 6.5～8.5，DO 一般在 5 mg/L 以上，最低不低于 3 mg/L。

二、放养前准备

1. 池塘清整

冬季排干池水，清除过多淤泥，干池曝晒或冰冻 10 d 以上，使池底呈龟裂状。同时修整塘埂和塘坡。

2. 池塘消毒

鱼种放养前 20 d 左右，每亩用生石灰 150～200 kg 化浆后全池泼洒，次日用铁耙翻动，使淤泥与石灰混合均匀，彻底消灭有害病菌，并改善底质。10 d 后注水至放养标准水位 1 m 左右，适量施肥培育水质。

三、鱼种放养

1. 放养时间

鱼种放养应在冬末春初，选择晴天进行。低温季节放养，鱼种捕捞搬运时鱼体不易损伤，可提高放养成活率。

2. 鱼种质量要求

放养鱼种应选择有资质的苗种场生产的优质、健康的良种，以提高养殖的成活率和上市产量及质量。外地鱼种最好提供产地检疫证明。具体指标详见表 5-1。

表 5-1　鱼种质量要求

项目	要　求
规格	同种同龄鱼种规格整齐
体色	体色鲜艳、有光泽
体质	肌肉丰满，无创伤，体表和鳃部无可见寄生虫和病灶
活动能力	游动活泼，逆水性强，受惊后潜入水底快，离水后，鳃盖不张开，尾柄不弯曲。密集时头顶水，鱼尾不断扇动

3. 放养量

采取不同规格、不同品种合理混养的养殖模式。鱼种实行三级放养，即塘中同时放养一龄、二龄、三龄三种不同规格鱼种，放养比例按照来年养殖确定适当比例，也可实行二级放养，各龄鱼种余缺相互调剂。以青鱼为主养模式的亩放养量 375 kg 左右，其中青鱼放养比例为总放养重量的 85%左右，同时根据不同类型合理搭养鲢、鳙、鲫、草、鳊等鱼种。详见表 5-2。

表 5-2 主养青鱼养殖模式推荐

品种		规格/(尾/kg)	尾数/尾	重量/kg
青鱼	一龄	20～30	100～150	5
	二龄	0.4～0.8	70～80	45
	三龄	2.5～3	70～110	270
草鱼		0.4～1	15～35	17
鲢鱼		20～30	90～150	3
鳙鱼		20～30	40～60	2
鲫鱼		30	900～1 000	32
鳊鱼		60～70	60～70	1
合计			1 345～1 655	375

4. 鱼种消毒

放养的鱼种，必须进行消毒处理，消毒用药和药品使用必须严格遵守 NY 5071《无公害食品渔用药物使用准则》的规定。消毒用药应有针对性地选择刺激性小、药效高、作用快的食盐、硫酸铜等杀菌或灭虫药物，食盐 1%～3%，浸浴 5～20 min，硫酸铜 8 mg/kg，浸浴 15～30 min，消毒过程严格按规定操作，并根据水温、药物浓度适当调节浸种时间达到有效消毒目的。

四、饲养管理

1. 投饲管理

根据混养鱼类的不同食性，合理投喂相应饲料。饲料有青鱼膨化料（粗蛋白含量 30%～36%）、青鱼颗粒料（粗蛋白含量 30%～32%）、混养鱼颗粒料（粗蛋白含量 26%～30%）等，饲料系数控制在 1.2～1.5；一般 3—6 月 15%～20%，7—9 月 65%～70%，10—12 月 10%～20%分配投饲量。每日投饲量根据水温、鱼体大小、摄食强度、天气情况灵活掌握。日投次数从 3 月中旬开始投饲，2～3 d 投一次，当水温达到 18℃以上时逐渐增加投饲量，转为每天投喂，青鱼膨化颗粒饲料日投二次，投喂时间上午 8～9 时，下午 3～4 时。按照饲料种类分别选择合适投饲位置，各自分开定点。螺蚬投于池坡平缓少淤泥的浅滩处，青鱼膨化饲料投于水下 1.5 m 的饲料台上，青饲料投于饲料框内。有条件的地方可在池塘边或塘中央配置自动投饵设施。具体投饲量分配详见表 5-3。

表 5-3　全年投饲量月分配表

月份	3	4	5	6	7	8	9	10	11
百分比/%	1	6	8	10	16	21	23	12	3

2. 水质管理

池塘水质保持“肥、活、嫩、爽”，水色保持黄绿色或茶褐色，透明度保持在 25～35 cm。视季节和水质情况，少量多次追肥。以无机肥为主，每 667 m^2 施氮磷肥（1∶1）或复合肥 15 kg。每个月加水 1～3 次，每次水位升高 10 cm，当水质老化变黑时，应及时换水或加注新水，换水量为原池的 1/3～1/2。

3. 日常管理

每天早、中、晚三次巡塘，观察鱼类吃食和活动情况，水质变化情况和鱼病情况，确定应采取的措施，并做好养殖日志记录。每 667 m^2 按 0.3 kW 动力配备增氧机。有条件的地方可用纳米底增氧和水车叶轮增氧配合使用效果更佳。在鱼类主要生长季节，按照“晴天中午开，阴天清晨开，连绵阴雨半夜开”的原则开机增氧。发现浮头预兆时，及时采取开动增氧机或加注新水进行解救。在不能进行机械增氧的情况下，可施放增氧粉（过氧化钙）解救。在加注新水时应用 1 mm 孔径的密网过滤，防止野杂鱼苗及卵进入池塘，同时防止塘内鱼种顶水逃逸。

五、捕捞上市

捕捞时间在每年 12 月以后，根据市场需求而定。捕捞时先排掉部分池水，用鱼网牵捕（图 5-3）。捕完全部上层鱼和大部分底层鱼之后将池水接近排干，用捞海将剩下的鱼全部捞起，用网箱暂养分拣，达到上市规格的及时出售，过池鱼种和未达到上市规格的成鱼放于暂养池，待第二年再放养。

图 5-3 青鱼捕捞

第五节 病害防治

鱼病的发生，是由外因和内因共同作用的结果，按照“以防为主、防重于治”的原则，必须从改善环境和提高鱼体抵抗力入手采取多种措施预防病害发生。

一、改善生态环境

每月使用芽孢杆菌、光合细菌等复合微生物制剂，改善水体环境，预防病害的发生。

改善鱼池环境卫生，勤除杂草，清除敌害及中间寄主，及时捞出残饵和死鱼。

二、加强药物防治

渔药品种、剂量与使用方法必须严格按照 NY 5071《无公害食品渔用药物使用准则》规定执行，严禁使用禁用渔药。

1. 饲料消毒

投放的饵料清洁、新鲜。螺蚬洗净后选取鲜活的投喂；青饲料用 3～5 mg/L 漂白粉溶液浸泡 20～3 min 再投。

2. 食场消毒

每月 1～2 次对食场用漂白粉挂 3～6 袋进行消毒。每袋中装漂白粉 40～60 g，每次连挂 3 d，每天换药一次。

3. 工具消毒

网具、鱼桶、捞海等养鱼工具，尤其是发病塘用过的工具，使用前应在阳光下曝晒一天或用 10 mg/L 硫酸铜浸泡 30 min 再使用。

4.做好鱼病预防工作

虫病发生季节(每年4月底5月初和10月中下旬),用敌百虫+辛硫磷粉(含量10%+4%)全池泼洒成0.12~0.3 mg/L或用阿维菌素(含量1%)全池泼洒成0.2~0.3 mg/L,预防杀灭锚头蚤、中华蚤等寄生虫。2 d后再用含氯制剂全池泼洒一次,防止继发细菌感染,含氯制剂可选用:漂白粉、二氯异氰脲酸、三氯异氰脲酸、二氧化氯、二溴海因等,使用剂量参照产品说明书。在细菌性病害流行季节(每年5月中旬起至9月底),每月2次,用生石灰与含氯制剂交替全池泼洒,预防肠炎、烂鳃等细菌性疾病发生生石灰用量为 20~30 mg/L,含氯制剂的种类和使用方法同前所述。

三、科学诊疗鱼病

发现青鱼患病,立即确诊治疗,常见病害主要症状及其治疗方法详见表5-4。

表5-4 常见病害主要症状及其治疗方法

病名	主要症状	防治方法	休药期
青鱼球虫病	病鱼消瘦、贫血、食欲减退、鱼体发黑、腹部膨大;剖开鱼腹,可见前肠比正常粗2~3倍,肠壁上有许多白色小结节,充血发炎,严重可引起肠穿孔	每100 kg鱼用PVP碘2.4 g拌饵投喂,每天一次,连喂4 d	

续表 5-4

病名	主要症状	防治方法	休药期
细菌性烂鳃病	病鱼鳃上黏液增多，鳃丝肿胀，严重时鳃丝末端缺损，软骨外露，鳃盖内表面皮肤充血发炎，中间部分常糜烂成一圆形或不规则形的透明小窗，俗称“开天窗”。鳍的边缘色泽常变淡	0.4～0.5 mg/L 三氯异氰脲酸或 0.2～0.5 mg/L 二氧化氯或 0.2～0.3 mg/L 二溴海因全池泼洒；在饵料中掺加磺胺嘧啶投喂，每 100 kg 鱼 10 g，首次剂量加倍。口服水产用复合维生素和维生素 C，连服 1 周	用二氧化氯、三氯异氰尿酸≥10 d
白皮病	背鳍基部及尾柄出现白点，严重时尾柄全部发白，鳞片脱落，漂浮于水中		
赤皮病	病鱼体表出血发炎，鳞片脱落，鳍充血、蛀鳍		
细菌性败血症	病鱼体表及各器官组织充血，出血，眼球突出，腹部膨大，有淡黄色或红色腹水，肝、脾、肾肿大，严重贫血		
细菌性肠炎病	病鱼鱼体发黑，食欲减退，甚至绝食，肠壁充血发炎，弹性差，肠内有大量黏液，肛门红肿	用二氧化氯全池泼洒，用量为 0.2～0.5 mg/L，每 100 kg 鱼用 2 g 大蒜素拌饵投喂，连用 3 d	用二氧化氯≥10 d
中华鳋病	病鱼呼吸困难，急躁不安，在水表层打转或狂游，尾鳍上叶常露出水面，最后消瘦、窒息而死，病鱼鳃上黏液很多，鳃丝末端膨大成棒状，苍白无血色	90%的晶体敌百虫全池泼洒成 0.5 mg/L	

第六节 加工技术

一、原料鱼选择

嘉兴市青鱼是由于特有的生长环境、科学的养殖规范、传统与现代结合的加工工艺、造就了其独特的品质。其原料鱼需符合以下三个特征:坚、大、长。

坚:肉质结实。生长期在4年以上,历经4个寒暑、4次冬眠,取食螺、蚬等天然动物性饵料,肉质特别紧凑、结实。

大:规格大,尾重4 kg以上;制品2 kg以上。

长:体形瘦长,呈长筒流线型,体长60 cm以上。

二、青鱼干加工技术

选用优质鲜活青鱼为原料,添加了食盐、食用调味品、天然香料等配料,采用传统工艺和现代加工技术相结合的方法精心加工而成。具有营养丰富、质量稳定、色香浓郁、鱼体柔软而有弹性、口感好、易保藏等特点,整个流程为:原料鱼→暂养→剖片→去内脏→擦洗→晾干→腌制→漂洗→阴干→检验→包装→贮藏→销售。具体流程为:

1.原料鱼

取11月以后起捕的优质青鱼作为原料鱼。因为11月气温明显下降后,青鱼已停食,到深水中做好了过冬的准备,此时青鱼的肉质比较紧凑,腌制出来的青鱼口感好,味道香。

2.暂养

起捕后,放到清水网箱中暂养一天。通过暂养使青鱼排出肠中的粪便和身上的黏液,同时通过剧烈运动,使青鱼的肌肉更加紧凑,品质更好。

3. 剖片

采用“开背剖首”方法，即沿尾部→背部→头部→嘴巴剖开，使鱼体可以平铺、摊开。

4. 去内脏

首先，去肚什，确保鱼胆不破，因青鱼胆有一定的毒性，且味很苦，若破，坚决不用。其次，去鳃。再次，去左、右牙板，减少腥味。最后，去黑膜，用干净的钢丝球擦净，若不去掉直接影响其品质和品位。

5. 擦洗

内脏去净后用干毛巾擦净鱼体，严禁用水洗。

6. 晾干

清洗后青鱼在空气中至少晾上 2～3 h，待青鱼中水分蒸发一部分后方才可以腌制，以利调味料迅速、均匀地进入鱼的肌肉和头盖中去(图 5-4)。

图 5-4　青鱼干晒制场景

7. 腌制

首先，按照腌制量以一定的比例配好相应的调味料，调味料选料要求讲究，决不允许以次充好。其次，上料要均匀、有力。

再次，堆放不能随便，要叠加有序，否则，很容易造成青鱼“破相”，影响品质。最后，要在上面加载一定负荷的沙包等重物，保持条形。

8. 漂洗

腌制后根据温度隔一定时间后拿出来在清水中漂洗，彻底洗净多余的调味料及杂质，并用干毛巾擦干。

9. 阴干

由于青鱼是肉食性鱼类，脂肪含量相对较高，清洗后必须将鱼挂于阴凉处让其慢慢风干。忌在太阳底下曝晒，易造成油脂外溢，鱼油氧化变黄，口味发酸。

10. 检验

阴干一定时间后，鱼干达到：①含水量≤60%。②微检：细菌不超标准。③目检：无明显破相的，观感无异常的。

11. 包装

里面采用真空袋装。包装时要注意鱼骨、鱼刺，避免刺破真空包装袋，影响保质期。外面采用纸盒包装(图 5-5)。

图 5-5　青鱼干加工场景

12. 贮藏

放入冷库保存，贮藏温度－18℃，保质期 180 d。

三、冷冻调理青鱼加工技术

以优质青鱼为原料，采用现代食品高新技术与传统工艺方法相结合，经科学配方精心调理，低温去湿烘干精制而成。产品营养丰富，肉质鲜嫩，色泽诱人，味道鲜美，食用方便，是居家佐餐的美味佳肴和馈赠亲友的高档礼品。其加工工艺流程：原料鱼→去鳞→剖片→去内脏、清洗→脱脂、去腥→漂洗→调味→低温去湿→包装→速冻→入库冻藏。

1. 原料鱼

采用优质青鱼为原料，加工前暂养一天，使鱼排净粪便和黏液。

2. 去鳞

整鱼用手工把鳞去除干净。

3. 剖片

剖片方法同青鱼干。

4. 去内脏、清洗

去内脏方法同青鱼干。内脏去净后用清水洗净。

5. 脱脂、去腥

采用特殊制剂浸泡脱脂，用姜片、黄酒去腥，处理过程中适时进行人工搅拌，确保脱脂均匀、充分。

6. 漂洗

用自来水冲洗，彻底去除处理过程中的杂质、腥味。

7. 调味

用食盐等调味料浸泡，禁止添加防腐剂。

8. 低温去湿

采用干燥空气去湿，最终制品水分控制在≤60％。

9. 包装

整条或去头去尾切块真空包装。

10. 速冻

冷库温度控制在－35℃以下，速冻到制品中心温度达到－18℃。

11. 入库冻藏

在－18℃以下的环境下冻藏，保持期 180 d。

四、青鱼制品质量标准

青鱼制品质量标准指标详见表 5-5。

表 5-5　青鱼制品质量标准指标

项　目	要　求
感官指标：	
性状	解冻后鱼肉体较柔软，微有弹性
气味	鱼体应有其调制后特有香味，无异味
微生物指标：	
菌落总数/(CFU/g)	≤300 000
理化指标：	
冻品中心温度	≤－18℃
解冻失水率	≤6.0
盐分(以 NaCl 计)/%	≤5.0
甲醛	不得检出
无机砷/(mg/kg)	≤0.1
铅(以 Pb 计)/(mg/kg)	≤0.5
镉(以 Cd 计)/(mg/kg)	≤0.1
甲基汞/(mg/kg)	≤0.5
挥发性盐基氮/(mg/100 g)	≤30
组胺/(mg/100 g)	≤30

续表 5-5

项　目	要　求
N-二甲基亚硝胺/(μg/kg)	≤4.0
酸价(以脂肪计)(KOH)/(mg/g)	≤30
过氧化值(以脂肪计)/(g/100 g)	≤2.5

数据来源:秀洲区水产行业协会企业标准《Q/XSX 0002S—2010 青鱼干》

第六章

加州鲈鱼养殖技术

第一节 养殖概况

加州鲈鱼，又名大口黑鲈，目前全国养殖区主要集中在广东省、四川省和江浙一带。近年来得益于加州鲈配合饲料的推广，内陆地区也开始广泛养殖，现在全国养殖面积近 13 万亩，总产量33 万 t。商品加州鲈鱼市场行情波动较大，以 2015 年为例，最高价高达 40 元/kg，低迷的时候只有 20 元/kg，平均价格在 30 元/kg 左右。但近年来由于养殖环境恶劣，放养密度越来越高，加州鲈鱼养殖也出现了养殖瓶颈，浙江省已经开始推广配合饲料替代冰鲜鱼专项行动，加州鲈养殖业将迎来一个新的发展机会。嘉善县加州鲈鱼基本上也是从 2000 年以后发展的，目前全县养殖面积在 2 000 亩左右，主要集中在西塘、姚庄和陶庄 3 个镇。

第二节　苗种培育

目前江浙地区一带主要用冰鲜鱼鱼糜、鱼浆来培育加州鲈鱼苗种，一般是在4月上中旬从广东引进1 cm以下的水花苗种，因为广东是加州鲈鱼苗的主要培育基地；但是由于从广东引进水花苗种往往运输时间长、温差大，近年来成活率普遍不高。因此，建议养殖户可以从附近湖州市和江苏吴江区购买优质的加州鲈鱼苗种，也可以直接购买经过食性驯化的大规格苗种回来投放，无须再经过食性驯化。

一、饵料投喂

前期水花苗种主要是靠培育枝角类等天然饵料，1周后开始用小虾和鱼糜、鱼浆引食投喂，14 d后可用切碎的小鱼块投喂，养殖户在喂食前要将饵料鱼剪成适口的鱼块，自高处抛入水中，引诱加州鲈吞食。加州鲈一般会抢吃抛来的鱼块，投鱼块时要相对固定投喂的地点，范围要大一些，以便让更多的加州鲈抢到食，使之生长均衡。

二、投喂量控制

若以重量计，一般日投喂量为其总体重的4％～6％。每天喂两次，即上午9～10时一次、下午3～4时一次；放养初期，加州鲈因个体较小，摄食能力不强，投喂的饵料鱼要精细适口，投喂次数一般不少于4次，做到少量多次。后期加州鲈个体大，鱼块可投大一些，数量适当多一些，使其吃饱吃好，加快生长。

三、病害防治

在5—9月为加州鲈鱼发病季节，往往要在冰鲜饵料中定期加入维生素或其他辅助中草药来投喂，增强鱼体体质和抵抗力。为了提前防治病害，有养殖户介绍经验，前期一定要轮流杀虫杀菌，特别是江浙地区的春夏季雨水比较多，而且雨天细菌繁殖很快，一下雨就要杀虫消毒，鱼塘每个月都需要杀虫 2～3 次，阴雨天气应增加杀菌消毒的频率。

四、配合饲料驯化使用

现在已经有部分养殖户开始使用配合饲料投喂，前期一定要经过驯化。开始用鱼浆投喂，当鱼苗全部都抢食鱼浆后，便可在鱼浆内添加专用配合饲料，并逐步增大添加量，一般第 7 天左右配合饲料可添加至 60%～70%，同样逐步增加添加量，一般再经 7～10 d 就可全部改为配合颗粒饲料。这时应注意及时将瘦小的鱼筛出，再次进行驯化，强壮的鱼苗继续进行 7 d 左右的摄食巩固后，转入精养池塘中进行商品养殖。根据鱼的大小选择饲料规格，每日分早、中、晚 3 次投喂，投喂遵循"慢、快、慢"的原则，投喂至大部分鱼不上水面抢食时为宜。由于加州鲈有回避强光的特点，一般早晚吃食较好。

第三节 成鱼养殖

一、池塘养殖基本条件

1. 池塘条件

单养池塘要求水源充足，无污染，水质良好，排灌方便，池底淤泥少，壤土底质，上面最好铺一层细泥沙，池塘面积以 5～10 亩为宜，水深 1.5～2.0 m，安装增氧机械，注、排水口设置密网过滤和防逃，若经常有微流水条件则更好。池塘放养前按常规方法进行干塘暴晒和清塘消毒，杀灭敌害生物和病原菌。

2. 鱼种放养

投放鱼种要健壮、无伤无病，规格宜大且一致，一次放足。一般于6月上中旬放养5～6 cm以上的鱼种2 000～2 500尾/亩；若鱼种规格10 cm以上，可放养1 200～1 500尾/亩。此外，可适量混养大规格鳙鱼、鲫鱼、鳜鱼、花䱻鱼等，以摄取残饵和调节水质。鱼种放养时最好用3%食盐水药浴消毒，具体浸洗时间视水温、鱼体反应等情况灵活掌握。

二、池塘生态养殖模式

加州鲈养殖大多采取精养的模式。随着加州鲈配合饲料的推广，目前养殖模式共有全冰鲜鱼投喂模式、全程配合饲料投喂模式和混合投喂三种养殖模式。

1. 全冰鲜鱼投喂模式

目前冰鲜鱼的价格大概是1.0元/kg左右，饵料系数4.0以上，光饵料成本至少在4元/kg以上。比起配合饲料投喂养殖，其养殖利润同样可观，一些保守的养殖户仍然在采用全冰鲜鱼的养殖模式。全程投喂冰鲜鱼的另一个好处是，养殖技术成熟，生长速度快，养殖户心里有底，可以提前上市搏个好价钱，但也增加了投喂的工作量，以后随着环保要求的逐渐严格，饲料用冰鲜鱼可能会限止使用，因此可以说，加州鲈全程使用饲料养殖应该是大势所趋。

2. 全程配合饲料投喂模式

近年来，加州鲈配合饲料得到全面的发展，尤其是在浙江省湖州地区加州鲈鱼专用配合饲料已经得到较大面积的推广，养殖效果明显改善，不少养殖户全程使用配合饲料并不比喂冰鲜鱼差。经过统计，全程投喂饲料其饵料系数为1.1～1.3，成本在3.5元/kg左右。加州鲈鱼配合饲料有几个优势：首先，投喂的工作量减少了很多；其次，用饲料后池塘水质不容易恶化，最后，用配合饲料投喂拌药效果要比用冰鲜鱼好很多，防病治病更容易。

3. 混合投喂模式

由于部分配合饲料配方不合理，目前有养殖户反映，用膨化配合饲料投喂加州鲈鱼到0.15～0.2 kg/尾规格后，会出现加料困难、厌食、生长缓慢等缺点，同时还伴随着肝脏肿大，脂肪肝等导致抗病能力减弱等现象，很多养殖户改喂冰鲜鱼，以加快生长速度。而且加州鲈鱼对味道很敏感，配方稍有变动就吐料。但冰鲜杂鱼的质量和来源都很难保证，容易引入病源，而且饵料系数高，水质易被污染，从而起到反作用。就现在而言，大多采用一餐喂冰鲜鱼，一餐喂饲料，加州鲈鱼饲料投喂比率大概只有20%左右，混合投喂养殖户的成本可以控制在3.5～4元/kg。

第四节 病害防治

一、诺卡氏菌病

患诺卡氏菌的病鱼在池塘表面慢游，患病个体反应迟钝，离群独游，食欲下降。部分鱼鳃上有白色结节。诺卡氏菌感染的患鱼在体表有鳃结节型和躯干结节型两类表现型。

1. 鳃结节型

在鳃丝基部形成乳白色的大型结节，鳃明显退色。

2. 躯干结节型

在躯干部的皮下脂肪组织和肌肉发生溃疡，外观上呈大小不一、形状不规则的结节。鱼体表出现白色或淡黄色结节，直径通常在0.5～2.0 cm。另一个主要症状是肝常有白色或淡黄色结节，直径0.1～0.3 cm，肝脏受损、出血，胆变色、萎缩。部分鱼脾、肾也可观察到结节。因体内有结节，注意和内脏孢子虫区分。部分病鱼有烂身和鱼眼球突出的现象，体表损伤并溃烂出血。鱼随着病情加重，体表出现创伤，溃烂出血，鳍条有充血现象，伴有肛门红肿，腹部膨大，膨大的腹腔内有少量透明或淡黄色液体。患诺卡氏菌病鱼的肝脏肿大。

治疗方案：因该病是革兰氏阳性细菌感染引起，常用的水产内服药对该病治疗效果不佳。处方：

(1)内服药　1板冰鲜鱼用“鱼瘟速停”1包＋“克菌威”1包＋“均克”1包＋“板黄散”1包，需同时喂5 d以上，每天1次即可。

(2)外用消毒　“盛典”按每米水深4亩用1瓶泼洒，按说明的剂量在投喂内服药的第3天外用泼洒消毒。该处方使用效果特别好，90％的鱼可以治疗好。

二、花肝病

有专家认为，花肝并不是一个短时性发病的症状，应该是长期营养投喂累积造成的肝脏代谢障碍。另一个原因可能是由于饵料单一，长期大量投喂冰鲜鱼，造成鱼体维生素缺乏，对鱼的肝脏造成致命损害所致。预防的方法定期在饵料中添加维生素C、维生素E、氯化胆碱。

专家建议：不改变饵料很难治好花肝病，在肝脏损伤不是很严重的情况下，水温降低有助于改善肝脏状况，建议第二年养的时候把塘挖深点，选择品质好的饲料。另外，也可以用氟苯尼考100 g拌料20 kg投喂，严重者就再加100 g强力霉素，但加州鲈鱼如果喂冰鲜拌料效果就不好，所以发病时养殖户一般会拿饲料用来拌药。

三、代谢障碍综合症

代谢障碍综合症的症状包括烂嘴、烂身、肝发白、花肝等，要注意和病源性疾病区分。此病无论大鱼、小鱼，无论全冰鲜、全饲料还是半冰鲜半饲料喂养，均难幸免，有的塘口死亡率高达50％

以上。

病鱼发病初期，肝脏略肿，轻微贫血，色略淡，鱼体摄食正常，无死鱼现象。随着病情发展，肝脏明显肿大，可比正常情况下大1倍以上，肝色逐渐变黄发白，或呈斑块状黄红白色相间，形成明显的花肝症状，此阶段已开始出现死亡。病情后期，有的肝脏局部有黄点或白点，胆汁颜色变深绿或墨绿色，或变白直到无色。有时，病鱼的脾脏明显变色，大部分出现黑色坏死，同时大量密布较细的白点，发展到此阶段出现大量死亡。由于体质下降病菌入侵，常伴有烂嘴、出血、烂身、烂尾等症状。

预防代谢障碍综合征的关键并不是用药，而是合理投料，控制养殖密度，营造一个良好的养殖环境，让鱼体的自身免疫有一个恢复的过程。同时，一定要和病理性疾病区别开来，一旦将营养性疾病当成病理性疾病来用药，往往会加重肝脏负担，损失更大。

四、烂身病

症状：①吻端表皮糜烂(以下颌最为严重)、充血发炎，自吻端至眼球处发白。严重时表皮脱落，有时于糜烂处可见淡黄色附着物；②体表腐烂，发病初期体表出现红斑，随病情发展，出现鳞片脱落、肌肉腐烂的现象，病灶呈椭圆形或圆形。严重时露出骨骼。冬春季较常见，但也有在4—6月出现，常引起继发性水霉病感染，导致大批死亡。网箱养殖加州鲈发病率比池塘养殖的高。

防治方法：池塘养殖用生石灰彻底清塘，每隔10～15 d用20 g/m^3 生石灰和0.3 g/m^3 二氧化氮交替进行全池泼洒消毒。在投喂的饲料中添加维生素C，添加量为饲料鱼重量的1‰～3‰。

专家建议，加州鲈烂身不建议过于频繁换水，烂身是由于水质长期差、导致细菌过多，投喂冰鲜鱼内含菌过多造成的。要解决这个问题应从两方面入手:①内服使用聚维酮碘加多维消毒后的冰鲜。②全塘少量多次泼洒生石灰,每亩 5 kg 左右全塘泼洒。连续 4～5 d。不建议过于频繁的换水,换水后生石灰消毒净水即可。改善底泥细菌群,莫使用禁药等。坚持 4～5 d 也可以治好。但是对于烂身过度甚至不吃料的鱼没有救治的办法。

五、烂鳃病

病鱼离群独游水面或池边,反应迟钝,食欲减退或拒食,呼吸困难,体色变黑,鳃瓣腐烂发白、黏液分泌增多并附着许多污泥,严重时鳃小片溃崩、坏死。

防治方法:内服氟哌酸,每 100 kg 鱼重用药 2.0～5.0 g。同时每立方米水体用漂白粉 1 g 或二氧化氮 0.3 g 全池泼洒,也可用生石灰消毒。

六、肠炎病

病鱼腹部膨大、腹腔积水、肠壁充血,严重时肠呈紫红色,肛门红肿突出;肠内一般无食,充满淡黄色黏液或脓血。四季均可发生,以夏季较为严重。

防治方法:治疗以土霉素拌饵投喂,每 100 kg 鱼用药 5～10 g,连续 6 d。或每 100 kg 鱼用氟哌酸 2～5 g,连续 6 d。同时注意投喂新鲜、不变质的饲料。

七、出血病

病原是嗜水气单胞菌,病鱼鳍基和下颌到肛门的腹部发红,特别是胸鳍基部和靠近鳃盖后缘的身体两侧有垂直于身体侧线的出血条纹。

有些病鱼还伴有眼眶和肌肉充血。解剖检查,体腔内积有腹水,肠道内空无食物并伴有充血现象。此病多发于 7—8 月高温期间，发病急、传染快、死亡多。

防治方法：①放苗前应彻底清塘消毒，投放鱼种可事先用3%～5%的食盐水浸泡消毒；②投喂鱼块注意新鲜，冰冻鱼块一定要彻底解冻，并用3%食盐水消毒后再投喂；③发病鱼池用0.2～0.3 g/m³ 的二氧化氮、三氯异氰脲酸等消毒剂全池泼洒消毒。

八、水霉病

病原为体表水霉菌，属藻菌类，菌体细长分枝。鱼体有外伤时很容易诱发此病。病鱼体表的伤口或鳞片脱落处附着一团团灰白色棉絮状绒毛，食欲不振，虚弱无力，漂浮于水面而最终死亡。此病多发于冬、春两季，鱼卵和各种规格的鱼类均会发病。

防治方法：①对鱼进行操作时要小心，尽量避免鱼体受伤，这样可以有效地减少霉菌的感染；②池塘中发生此病时，可用4 g/m³食盐和4 g/m³ 小苏打全池泼洒。

九、车轮虫病

由车轮虫寄生引起。病鱼体黑而瘦，食欲减退或不摄食，群游于池边。大量寄生时，鳃组织分泌大量黏液，鳃丝发白腐烂，严重时在池边漫游最后死亡。此病4—5月最为流行，对鱼苗、鱼种危害较大。该病传播速度快，感染率高，感染强度大，且易发生继发感染。

防治方法：加大换水以改善水质，并用福尔马林药浴：苗种入池前用3%食盐水浸洗3～5 min，同时注意放养密度并保持水质清新；发病时用0.7 g/m³ 硫酸铜和硫酸亚铁合剂(5∶2)，全池泼洒。

十、小瓜虫病

该病病原为多子小瓜虫。病鱼鱼体消瘦、发黑、游动缓慢，鳃部、体表皮肤黏液增多，鳃上皮及体表皮肤产生白色的胞囊，镜检可发现大量的小瓜虫。该病在每年4—5月和8—9月水温15～25℃时最为流行，对鱼苗、鱼种危害较大。

防治方法：①放苗前用生石灰彻底清塘消毒，掌握合理的放养密度可以减少此病的发生。②以30～35 mL/m^3 福尔马林全池泼洒，或用4 g/m^3 食盐全池泼洒。③1包虫草拌10 kg冰鲜，连续内服7 d。外用浓戊二醛＋原虫膏＋霉平。注意，外用药物在晚上12时使用。小瓜虫的分裂时间基本在晚上，这个时间是小瓜虫最脆弱的时候，因此这个时候使用外用药有助于使小瓜虫脱落。

十一、暴发性出血病

此病流行快、死亡率高，危害大，一年四季都能发病，夏、秋季流行最为严重。近两年来发病尤为频繁，有的塘口死亡率高达90%以上，不少发病鱼池全军覆没。目前暂无特别有效的药物或治疗措施，只能采取预防治疗，通过改善水体环境、控制继发感染和提高鱼体抵抗力等措施预防该病的发生。

第五节　典型案例

一、典型养殖户基本情况

沈根方，该养殖户具有十多年加州鲈鱼养殖经验，承包池塘面积230亩，位于西塘镇新胜村，其中加州鲈鱼养殖面积180亩，其中水质调节池每2只50亩，加州鲈鱼专养池每11只180亩。

二、2015年养殖基本情况

4月中下旬从湖州市引进加州鲈鱼水花苗种进行专池培育，

经过 1 个多月的培育，等到加州鲈鱼夏花鱼种培育到 5 cm 以上时，5 月下旬到 6 月上旬放入加州鲈鱼专养池内，每亩放养加州鲈夏花鱼种 2 000 尾，同时每亩套养老口花鲢 10～15 尾，放养规格 0.25 kg/尾，同时还可以套养鳜鱼夏花鱼种 150 尾/亩或者花鳎 200 尾/亩。

三、经济效益测算

（一）亩收入

商品加州鲈鱼主要是在春节前和 5 月中下旬出售，平均价格为 30 元/kg，亩产商品加州鲈鱼 1 000 kg 左右，每亩产值 30 000 元，同时每亩可产商品鳜鱼 60 kg/亩，花鲢 25 kg/亩，或者可产花鳎鱼 80 kg/亩，平均每亩套养鱼产值可达 1 500～2 000 元。亩收入 31 500～32 000 元。

（二）亩成本支出

加州鲈鱼苗种自己培育，平均以 0.5 元/尾成本计算，以每亩放养 2 000 尾计，苗种成本 1 000 元/亩；饲料鱼成本：每千克加州鲈鱼饵料系数为 1∶5，平均每千克冰鲜鱼成本为 4 元/kg，每亩成本为 1 000×5×4＝20 000（元），池塘租金 1 250 元/亩；另外，其他支出还有水电费 500 元/亩，人工 700 元/亩，渔药 400 元/亩，合计每亩成本 23 850 元。

（三）亩效益

总收入减去总支出，亩净收入为：7 650～8 150（元）。

第七章

鳜鱼养殖技术

第一节　养殖概况

鳜鱼也叫桂鱼、桃花鱼，是一种肉质细嫩、味道鲜美、多肉无刺的淡水鱼名贵品种。随着城乡居民生活消费水平的提高，鳜鱼也受到了人们的欢迎，在市场上非常畅销，因此鳜鱼的池塘生态养殖具有广阔的发展前景。嘉善县从2000年左右开始发展鳜鱼养殖，目前嘉善县鳜鱼养殖面积为5 000多亩，主要集中在陶庄、西塘、姚庄、天凝、干窑等镇。

第二节　苗种培育

苗种培育是鳜鱼养殖的基础，而且还不能像其他淡水鱼那样在池塘中直接投喂商品饲料或用肥水法等培育，因此，鳜鱼苗种培育技术的好坏直接关系到鳜鱼养殖效益的高低。鳜鱼是典型的肉食性鱼类，开口即食活鱼苗，饥饿时互相残食，这是由其生物学特性决定的，因此，准确掌握鳜鱼苗开口摄食时间、选择好饵料鱼、及时供应适口饵料是鳜鱼苗培育成败的关键措施之一。

一、苗种培育前期准备工作

(一)环境要求

池塘要求沙质底,淤泥少,面积 2～3 亩,水深 1.5 m 以上,排灌方便,水质清淡、不浑浊,无污水流入,并有少量沉水性水草的鱼池。新开池要视土质而定,酸性池及池水易浑浊的池不适宜饲养鳜鱼。

(二)清塘消毒

在每年清明节前后用生石灰清塘,一般在 4 月 10 日前后在池的四角堆放草肥(如池底肥度较好可不施肥),并加注新水 0.8～1.0 m 培育水质,以培育饲料鱼的天然饵料。

(三)饵料培育

将附有鲫鱼卵的鱼巢放入塘中进行孵化,鱼苗密度一般每亩控制在 50 万左右,鱼卵可分 2～3 批放入,每批间隔一天,这样可兼顾规格不齐的鳜鱼苗均有适口饵料。

二、鳜鱼苗种饵料鱼投喂

(一)开食时间

鳜鱼苗的器官分化发育与水温密切相关,一般情况下,水温 23.5～25℃、24～26.5℃、26～29℃时受精卵至鳜苗开食时间相隔分别为 112～120 h、105～115 h 和 90～98 h,此时,鳜苗运动活泼,能够主动摄食。

(二)开口饵料

开口饵料鱼苗的大小是否适宜,直接影响鳜鱼苗摄食及成活率。要注意以下几点:

(1)开口饵料鱼选择　生产中宜选择体型扁长、游泳能力较弱的鲂、鳊、鲴等鱼苗为开口饵料，尤以刚脱膜 8 h 的活鱼苗为最佳，此时的饵料鱼易被鳜鱼整尾吞食。

(2)禁喂老口鱼苗　如果投喂老口鱼苗，鳜苗只能利用饵料鱼尾部一小部分，剩余部分常挂在鳜苗嘴边上，不仅影响运动，而且容易在水体中腐烂、分解，恶化水质，甚至暴发鱼病。

(3)准时投喂饵料　在鳜苗开食的 3～5 d 内得不到适口的饵料鱼，则活动能力骤然降低，感觉迟钝，因此渐渐消瘦而死，甚至发生相互残食并因吞食不下而卡死的现象。

(三) 饵料生产

鳜鱼的口裂和饵料鱼的体高随生长而不断变化，不同时期的鳜鱼需投喂一定发育阶段的饵料鱼苗，才能为鳜鱼所吞食。

(四)投饵数量

(1)不同日龄投饵数量　不同日龄的鳜苗种其日粮和适口饵料鱼规格是不一致的，每尾鳜鱼苗进食初期，2 日龄以内日粮为 2～3 尾且进食缓慢，2～4 日龄日粮为 4～5 尾，5～8 日龄日粮为 8～12 尾，8～12 日龄日粮为 10～16 尾，14～15 日龄日粮为 15～20 尾，进食速度随鱼体长大而加快。

(2)判断饵料是否充足　饱食的鳜鱼苗，腹部膨大，呈棱形，尾柄微弓，在流水情况下，靠在内壁静止不动或随水漂流，饥饿的鳜鱼苗身体扁平，在环道内散开觅食，据此可判断饵料鱼是否充足。

(五)摄食方式

在鳜鱼夏花培育过程中，可以清晰地看到鳜鱼是从尾部开始吞食饵料鱼的，常常是半条鱼含在嘴里，半条鱼露在嘴外，边吃边游边消化，最后把鱼头吐掉，有时还会看到饵料鱼的头挂在鳜鱼仔鱼鳃盖后的棘刺上，这往往会被误认为是寄生虫，此时应注意，遇到这种情况不需作药物处理，过一段时间鱼头会自然脱落。

（六）加强管理

在鳜鱼苗培育期间，必须实行精细管理，彻底消毒水体，杜绝病原体带入育苗池，严格控制水质，及时排污清污，适时繁殖饵料鱼，注意与鳜鱼苗培育需求相衔接，饵料鱼投喂前必须严格消毒，定期向培育池泼洒药物，切实做好防治鱼病工作，从而有效地提高鳜鱼苗成活率。

三、鳜鱼苗种培育的关键技术环节

鳜鱼苗种培育普遍存在成活率低的难题。要提高鳜鱼育苗成活率，须注意解决以下问题：

（一）同步繁殖开口饵料鱼是育苗成败的关键

鳜苗开口培育：鳜苗胚胎发育至卵黄囊消失，刚一平游就必须捕食适口饵料鱼。因此，同步繁殖开口饵料鱼成为育苗成败的关键。一般采用团头鲂作鳜苗的开口饵料，在鳜鱼催产后 24 h 即催产团头鲂。这样，鳜苗平游时，脱膜不久的团头鲂苗恰好成为鳜苗适宜的开口饵料。因鳜苗平游及开口持续 30 h 左右，开口饵料的投喂应在环道中进行 2～3 d，日饵量为鳜苗的 8～10 倍，以增加捕食机会。

（二）育苗池及投苗密度

育苗池可采用孵化环道和水泥池，面积 20～100 m^2，水深 1～1.2 m，备有进、排水管和溢水口。鳜苗开口后 3 d 即可下池，投放密度为水体 2 000～3 000 尾/m^3。培育期间鳜苗个体差异较大，应不断按规格分稀，避免鳜苗自相残杀。2 cm 左右的鳜苗密度以 800～1 000 尾/m^3 为宜。

（三）水质调节

育苗池水质必须清新、溶氧丰富，保持溶氧量 5 mg/L 以上，培育期间因大量投喂饵料鱼，死鱼残渣及排泄物易腐烂分解，导致水质恶化，大量消耗氧气，造成低溶氧综合征，极易引起鳜苗氨态氮中毒而死。因此，育苗池最好保持微流水和机械增氧，避免水质恶化。

（四）饵料鱼投喂

要确保饵料鱼充足和适口，除开始 2～3 d 投喂 8～10 倍的团头鲂苗外，第 3～7 天投喂草、鲢、鳙等家鱼水花，日饵量为鳜苗的 5～8 倍；第 8～12 天投喂网箱暂养数日的家鱼水花，日饵量为鳜苗的 3～5 倍；第 12 天以后，鳜苗达 2 cm 左右，可投喂 1 cm 左右的家鱼苗"蠓子"，日饵量为鳜苗的 2～3 倍即可。经 20 d 左右培育，鳜苗可达 3 cm 左右的夏花规格。

（五）鱼病防治

鳜鱼开口后的整个育苗阶段，极易感染流行车轮虫和斜管虫病，严重时导致鳜苗成批大量死亡。预防措施：开口阶段，每天用 80～100 mg/L 福尔马林或 1.4 mg/L 硫酸铜泼洒（微流水），育苗池用高锰酸钾 10 mg/L 浸泡 48 h，鳜苗下池时在盆中用 100 mg/L 福尔马林药浴消毒 5 min。培育期间，坚持每天用显微镜观察，每隔 1～2 d 用 50 mg/L 福尔马林或 1 mg/L 硫酸铜全池泼洒（静水水体需机械增氧），有较好的防治效果。在生产中采用以上方法搞好对苗种的培育管理和鱼病防治，育苗成活率可达 80%以上。

第三节　池塘生态养殖

一、鳜鱼养殖池塘条件

鳜鱼养殖池塘要求的条件比常规鱼饲养池要高，主要要求是

水源水质好、面积和水深适宜、淤泥较少等,良好的养鳜池塘应具备以下几方面的条件:

(一)水源充足

水源的水质良好;溶氧量较高(DO 大于 4 mg/L),无污染,不含有毒物质,注排水要方便。

(二)面积和水深

单养鳜鱼池面积不宜过大,小池塘养鳜效果较好,这样有利于提高饵料鱼的密度,增加鳜捕食机会,减少其体能消耗,提高鳜生长速度。面积一般为 0.5～0.7 hm^2,水深以 1.5～2.5 m 为好;具体视饵料鱼品种确定,以廉价鲢、鳙鱼种为饵料鱼时,宜选浅塘;因为鲢、鳙鱼均为上层鱼类;特别是鲢鱼游动十分迅速,塘浅一点利于鳜鱼捕食;以底栖鱼类作为饵料鱼时,池塘可深一些,池塘坡比为 1∶(1.5～2.5),塘底向排水口处要有一定的倾斜度、便于干塘捉鱼,塘内最好培植少量水草,有利于鳜鱼栖息和捕食。

(三)形状和周围环境

池塘形状应整齐有规则,最好呈东西向的长方形,这样既便于饲养管理,又能接受较长时间的日照,且注水时较易造成全池水的流转,当池鱼浮头时解救有利。池塘周围不宜有高大树木和种植高秆作物,以免阻挡阳光照射和风力吹动,影响浮游植物的光合作用和气流对水面的作用,从而影响池塘溶氧量的提高。

(四)池塘底质改良

养鳜池塘要求淤泥较少、淤泥深度在 20 cm 以下。除新开池塘外,其他池塘经过一定时期的养鱼后,死亡的生物体、鱼的粪便、残剩饵料等不断积累,加上泥沙混合,池底逐渐会积存一定厚度的淤泥,对鳜鱼养殖弊多利少,因此每年冬季或鱼种放养前必须清除过多的淤泥,并让池底日晒和冰冻,改良底质,最好用生石灰清塘,一方面杀灭潜藏于淤泥中的鱼类寄生虫和致病菌,另一方面有利于提高池水的碱度和硬度，增加缓冲能力。

二、商品鳜鱼池塘养殖技术

池塘专养鳜鱼又分为夏花当年直接养成商品鱼和1龄鱼种养成商品鱼。利用鳜鱼夏花直接养成商品鱼是目前普遍推广的一种养殖形式，这种养殖形式需投喂充足的饵料鱼，单位产量较高。

（一）鱼种放养

为保证养殖成活率，放养规格必须在5 cm以上，一般每亩放养5～6 cm鳜鱼种1 500～2 000尾。

（二）饵料鱼来源

池塘专养鳜鱼，密度较高；需饵量大，一般可以通过养成池培育、配养池饲养、自然水域捕捞和购买等途径加以解决。

1.养成池培育

前期饵料鱼培育，即在鳜鱼种放养前15～20 d，利用这段空间在池塘中培育前期饵料鱼。投放饵料鱼50万～80万尾/亩；以供鳜鱼前期摄食；为了降低饵料鱼成本，可考虑在鳜鱼池中混养一些繁殖快的饵料鱼亲本，在条件许可的情况下，如每亩适时2龄鲫鱼500尾；使其繁殖的后代作为活饵料鱼供鳜鱼取食；也可用适度规格的稀网将池塘隔成两部分，一边养鳜鱼一边养饵料鱼亲本，使其繁殖的幼鱼穿过筛网成为鳜鱼的食饵，饵料鱼亲本培育最好采用强化培育方法；促进亲体的性腺发育，增加产卵量，提高孵化率，为鳜鱼源源不断地提供适口饵料，促进鳜鱼的生长，从而获得比较理想的养殖效果。

2.配套池培育

规模养鳜鱼，其饵料鱼的解决途径主要来源于专池培育。1亩鳜鱼单养池需配备3～4亩饵料鱼池，分批起捕，按需拉疏，保证饵料鱼与鳜鱼同步生长。对饵料鱼的生长及规格，应采用调整密度和投饲量来加以控制。

3. 自然水域捕捞

如鳜鱼养殖场址靠近湖泊等大水面水域，有丰富的饵料鱼资源，可加以充分利用，鳜鱼养殖生产中可作饵料鱼补充来源。

4. 购买饵料鱼

饵料鱼生产中，如遇发花率低、病害或灾害性天气等影响，应及时组织购买，确保饵料鱼供应的连续性，避免影响鳜鱼养殖。

（三）饵料投喂

投喂次数一般应根据水温、鳜池饵料鱼密度、生长速度、天气等灵活掌握。在水温较高、鳜鱼快速生长期内，最好每天投喂1次，9月以后水温下降，鳜鱼生长速度减慢，摄食减少，此后可以5～7 d或半个月投喂1次，投喂量以维持水体内有一定的饵料鱼密度、增加鳜鱼的捕食机会为原则。为了保证投喂的饵料鱼规格适宜，投喂的饵料鱼规格为鳜体长的30%～59%者适口性好，同时要经常检查鳜鱼的摄食和生长情况；并兼顾鳜鱼生长的差异；所投饵料鱼中，适量搭配不同规格的饵料鱼，确保鳜鱼在饲养条件下，饵料充足、适口。所投饵料鱼必须先进行消毒。

（四）水质控制

鳜鱼专养池，由于放养密度高，投饵量较多，残饵和大量粪便对池塘水质影响较大，除要求池塘进排水系统良好、定期更换池水，整个饲养过程中水体溶氧最低保持在4 mg/L以上外。还需在鳜鱼专养地中配备增氧机。春末和夏季每天中午12～15时开机增氧；如遇特殊天气，下半夜开机至太阳出。开机时间视具体情况确定，并定期泼洒石灰水调控水质，其他管理措施与家鱼养殖基本相同。

第四节　病害防治

一、纤毛虫病

主要寄生于鳜鱼体表、鳍部和鳃部，寄生种类主要为车轮虫、斜管虫。该病蔓延迅速，寄生数量少时对鱼体活动影响不大；寄生数量多时，鱼不肯进食。肉眼可见鱼体上有灰白色点状物，游动失去平衡，继而死亡。防治方法：20～30 mg/kg 甲醛兑水全池泼洒。硫酸铜对斜管虫的作用不理想，对车轮虫有一定疗效。上海产鱼虫克星对斜管虫疗效显著。

二、锚头鳋病

鱼体被锚头鳋钻入的部位，其周围组织常发炎红肿，继而组织坏死。防治方法：①用“强效灭虫精”或“敌鱼虫”化水全池均匀泼洒（鳜鱼对敌百虫敏感，防治鱼病时禁用晶体敌百虫）。②若是饵料鱼的鱼体上寄生有锚头鳋，可用 20 mg/kg 高锰酸钾溶液药浴 15 min，然后投喂。

三、鱼虱

鱼体表有虱样虫体附着，鳜鱼吃食量下降，体质消瘦，生长停顿。防治方法：同锚头鳋。

四、指环虫

指环虫寄生在鱼类的鳃部，病鱼体质消瘦，体色发黑，在夏花及成鱼阶段均有发生，死亡率较高。防治方法：用无锡产“杀虫王”或北京产“鱼虫煞星Ⅱ”，使用见说明。

五、细菌性烂鳃

每亩每米水深用“强氯精”0.27 kg 或用“漂粉精”0.33 kg 化水全池均匀泼洒。同时服用药饵 7～10 d。

六、出血病

在成鱼养殖阶段，常由饲料鱼将病原体带入，患细菌性疾病的饲料鱼被鳜鱼食后，常出现体表炎症、肝脏及肾脏带菌、腹水等症状。治疗方法：

(1)用 0.4 mg/kg“强氯精”(或用 0.5 mg/kg“漂粉精”)化水全池泼洒，间隔一天重复一次。如长期用药而未换水的池，要先换水再用药，以防药害。

(2)用鳜鱼专用的“鳜血宁”，每袋可加饲料 12.5 kg。药饵制作方法如下：①用麦粉 50%、菜饼 50%，拌匀；②药水配制法：按饲料量的 65%称取一定量的水，再按饲料量加入药物，待药物溶解成药水后拌入饲料中，用手搓或用脚踩成块，1 h 后投喂(一般要求在下午 4 时左右投喂，因鳜鱼在傍晚捕食最凶，饲料吞食药饵后刚好被鳜鱼吞食)；③药饵投喂天数视鳜鱼病情，一般为 5～10 d。

第五节 典型案例

一、典型养殖户基本情况

干窑镇范东村肖正荣，该养殖户具有 20 多年鳜鱼养殖经验，承包池塘面积 141 亩，其中鳜鱼养殖面积 101 亩，鳜鱼专养池 2 只 21 亩，配套池 8 只 80 亩，主要用于培养鲮鱼等饲料鱼。

二、2015 年养殖基本情况

4 月 18 日从广东进 1 cm 左右的鳜鱼苗种进行专池培育，经过 1 个多月的培育，等到夏花鳜鱼鱼种培育到 5 cm 以上时，5 月 23 日放入 21 亩的专养池内，共放养夏花鳜鱼鱼种 45 000 尾，到 2016 年 6 月底，共收获商品鳜鱼 20 500 kg。

三、经济效益测算

(一)收入

商品鳜鱼主要是在春节前和 5 月中下旬出售，平均价格为 60 元/kg，20 500 kg 商品鳜鱼共收入 123 万元。

(二)成本支出

鳜鱼苗种放养成本：自己培育，平均以 1 元/尾计算，计 45 000 元，饲料鱼鲮鱼苗种费：24 000 元；鲮鱼饲料成本：1 400 包×116 元/包＝132 240(元)；池塘租金：101 亩×850 元/亩＝85 850(元)；另外从其他养殖户处购买 2.5 万 kg 饲料鱼，以每千克饲料鱼 6 元计算，支出 15 万元；其他支出还有电费 15 000 元，人工 30 000 元，渔药 10 000 元，合计成本总支出 492 090 元。

(三)效益

总收入减去总支出为 737 910 元，亩净收入 7 306 元。

第八章

乌鳢养殖技术

乌鳢养殖彩图

中国的鳢科鱼类共有 7 个种，分别是乌鳢、斑鳢、月鳢、宽额鳢、纹鳢、线鳢和长身鳢。其中只有乌鳢是一个广布性鱼类，主要分布于亚洲、非洲等地，在我国除西部高原地区外，几乎都有分布。乌鳢有极强的生命力和对环境的适应能力，无论是湖泊、水库、河川、溪沟、塘堰还是水田、渠道，甚至连一般鱼类难以生存的沼泽、积水潭、洼凼等都能生长和繁衍。

乌鳢肉质细嫩，口味鲜美，且营养价值颇高，在国内外市场深受欢迎，是人们喜爱的上乘菜肴。乌鳢的含肉率高，又无肌间细刺，每 100 g 鲜鱼肉中，含蛋白质 19.8 g、脂肪 1.4 g、糖 1.2 g，是典型的高蛋白、低脂肪的保健食品。据医籍记载，具有去瘀活血、滋补壮阳、收肌生津、怯寒调养等药理作用，在东南亚及我国两广、港澳台地区一向被视作佳肴兼补品，适宜病后、产后以及手术后病人食用，有生肌补血、加快伤口愈合的作用，对水肿、湿痹、脚气、痔疮、疥癣等症有益。

第一节　生物学特性

乌鳢(*Ophiocephalus argus* Cantor),隶属鳢形目乌鳢科鳢属。俗称黑鱼,又称蛇头鱼、黑鱼、乌鱼、乌棒、蛇头鱼、文鱼和才鱼,它生性凶猛,繁殖力强,能在陆地上滑行,并迁移到其他水域。

一、形态特征

乌鳢呈长棒状,前部圆筒形,后部侧扁。头部扁平、大,前部略平扁,后部稍隆起。口大、端位,口裂稍斜,并伸向眼后下缘,下颌稍突出。吻短圆钝,牙细小,带状排列于上下颌,下颌两侧齿坚利。眼小,上侧位,位于头的前半部,距吻端颇近。鼻孔两对,前鼻孔位于吻端呈管状,后鼻孔位于眼前上方,为一小圆孔。鳃裂大,左右鳃膜愈合,不与颊部相连,鳃耙粗短,排列稀疏,鳃腔上方左右各具一有辅助功能的鳃上器。偶鳍皆小,背鳍和臀鳍特长,尾鳍圆形。全身披有中等大小的鳞片,圆鳞,头顶部覆盖有不规则鳞片。侧线完整、平直,头顶部有许多感觉小孔。体色呈灰黑色,体背和头顶色较暗黑,腹部淡白,体侧各有不规则黑色斑块,头侧各有2行黑色斑纹。奇鳍黑白相间的斑点,偶鳍为灰黄色间有不规则斑点。乌鳢鳔单室,细长,前端圆形,末端较尖,延至臀鳍基底上方。胃呈囊状,幽门垂2个,粗长,约为肠1/3。肠短双曲,长于体长1/2(图8-1)。

图8-1　乌鳢

二、生活习性

乌鳢营底栖生活,通常栖息于水草丛生、底泥细软的静水或微流水中，遍布于湖泊、江河、水库、池塘等水域内。乌鳢对水体中环境因子的变化适应性强，尤其对缺氧、水温和不良水质有很强的适应能力。当水体缺氧时，它可以不将头露出水面。借助在鳃腔内由第一鳃弓背面的上鳃骨和舌颌骨伸展出的骨片组成的鳃上器，直接呼吸空气中的氧气。因此即使在少水和无水的潮湿地带，也能生存相当长时间。生存水温为 0～41℃，最适水温为 16～30℃。当春季水温达到 8℃以上时，常在水体中上层活动；夏令季节活动于水体的上层；秋季水温下降到 6℃以下时，游动缓慢，常潜伏于水深处；冬季水温接近 0℃时，则蛰居在水底泥中停食不动。乌鳢具有很强的跳跃能力。当天气闷热、下雨涨水时，乌鳢往往会跃出水面，沿塘堤岸逃逸；在有流水冲击时也会激起鱼跃而逃跑。若其生活的池塘饵料不足时，亦会向他池转移，转移时其身体似蛇形，缓缓向前移动。

三、食性特点

乌鳢属肉食性鱼类，较为贪食。从鱼苗开始直至成鱼均以动物为食，主要捕食浮游动物、虾、鱼、蛙等，性格十分凶猛，故有“鱼老虎”、“鱼斯拉”之称。游动速度快，但一般不追赶猎物，而是隐藏于水草或其他隐蔽物附近，一旦发现有鱼类等适口活饵游经附近时便迅速出击，一举捕获。跳跃能力强，为捕捉水上昆虫，成鱼可跳到 1 m 以上。摄食量大，往往能吞食其体长一半左右的活饵，胃的最大容量可达其体重的 60%。互残严重，鱼苗培育到 1 cm 以上就有互相残食的现象，能吞食体长为本身 2/3 以下的同类个体。

四、繁殖习性

乌鳢一般生长到二冬龄就开始性成熟，甚至一冬龄的个体，翌年亦有性成熟现象，雌体较为多见，个体长达 30 cm 左右性腺发育。一般每千克雌鱼怀卵量为1万～3万粒，同规格的雌鱼怀卵量的高低关键是秋季个体发育的好坏，决定了卵细胞的分裂多少和卵细胞形成的好坏。长江中下游地区乌鳢的产卵期是5月下旬至6月底，繁殖水温一般在22～29℃，最适温度为25～27℃。产卵前雌雄鱼共同衔水草、植物碎片作产卵巢，巢的大小与亲鱼的大小相关，一般0.5 kg的亲鱼，卵巢的直径为40～50 cm，在风平浪静的黎明前，雌雄鱼互相追逐发情，然后雌鱼腹部向上仰卧，缓缓晃动而排卵，相继雄鱼按同样方式排精。产卵时亲鱼对环境要求十分安静，稍有惊虾就停止产卵，一般就不再产了。刚产出的卵是鲜黄色、球形的漂浮卵，直径约2 mm，经过2 d左右的时间孵化成鱼苗。稚苗由雌雄亲鱼守护，直至鱼苗长到4～8 cm分散游动后，亲鱼饥饿时会吞食自己的苗种。

第二节　养殖概况

嘉兴乌鳢养殖起于20世纪80年代末，并在20世纪末由于集约化冰鲜鱼养殖的崛起得到迅速发展，养殖面积和产量基本稳定。2013年以来，由于市场行情的持续低迷和生态要求的日益重视，养殖产量和面积有所下降，余杭与德清甚至出现了停产现象，乌鳢养殖面临生态养殖的挑战与机遇。

一、国内外养殖发展历程

不少国家在进行乌鳢的人工养殖，早在1915年日本从我国台湾引种养殖，并在大阪市有专门的养殖场。欧洲地区套养乌鳢，取得了良好的经济效益。美国旧金山、夏威夷群岛很早从我国引种乌鳢(中国鱼)，已在该地区定居。从20世纪80年代后期开始，在柬埔寨、泰国、越南、印度等远东地区的国家也着手人工养殖。广东省高要县早在100多年前就开始养殖乌鳢，直至1958

年我国不少地区开始试养。20 世纪 70 年代浙江省淡水试验场从广东引种养殖乌鳢。广东佛山地区的斑鳢养殖，湖北洪湖地区大同湖农场大面积套养乌鳢，浙江萧山从 20 世纪 80 年代后期，群众性地开展了庭院式高密度单养乌鳢，取得了成功的养殖经验，发展到余杭、嘉兴、绍兴、温岭、温州等地区。

二、养殖现状

桐乡是嘉兴乌鳢的主要产地。1986 年桐乡市大麻乡百富村渔场在 3.3 亩常规鱼养殖池中套养乌鳢 33 尾，作为捕食野杂鱼的工具，亩产 5.2 kg。1992 年开始在崇福镇、永秀乡等地，通过收集野生苗种进行小面积低密度养殖。1998 年开始，在大麻的海华村和百富村进行乌鳢的池塘专养，养殖苗种来自于人工繁殖，并进行高密度的集约化池塘专养，饲料为海水冰鲜鱼。之后，乌鳢成为桐乡市水产养殖的主要品种，2005 年全市共有乌鳢养殖面积 117 hm^2，其中大麻镇有乌鳢养殖面积 77 hm^2，平均亩产量 2 880.1 kg。2000 年以来，桐乡的乌鳢产量一直在 2 000 t 左右徘徊，受市场行情和病害发生发生变化。史上最高产量出现于 2003 年，为 2 453 t。2015 年末，全市乌鳢养殖面积 89.9 hm^2，产量 1 617.5 t。

三、问题与前景

嘉兴市的乌鳢养殖主要以高密度的集约化冰鲜鱼养殖为主，从近年养殖情况看来，主要存在 3 个方面的问题。一是养殖效益不佳。海水冰鲜鱼养殖的成本约 17 元/kg，但由于广东斑鳢的低价冲击，市场价格可能跌破 16 元/kg，养殖效益受市场行情影响。二是生态资源破坏较大。该养殖模式摄食海水冰鲜鱼，饵料系数 3.8～4，严重消耗海水小鱼资源，破坏海洋生态系统。三是水体污染较大。该模式养殖的换水量是塘内水体的 6～8 倍，饵料鱼用量的3/4经转换后存在于水体之中，总氮、磷等指标超过养殖废水排放要求，与生态养殖趋势不符。

不难看出，乌鳢养殖问题的根本原因是冰鲜鱼养殖。因此乌鳢养殖产业发展的关键是彻底解决配合饲料。就本地乌鳢而言，浙江省在1997年就有个别场试用配合饲料，但生长状况不是很理想，还出现一些问题；2004年，桐乡进行配合饲料养殖试验，主要存在300 g以上个体出现骨骼断裂等畸形问题；2010年，桐乡市再次进行配合饲料试验，出现摄食量小、规格不齐等问题，但配合饲料与冰鲜鱼交替使用模式取得了初步成功。2007年，杭州市农科院水科所另辟蹊径，以广东珠江水系斑鳢(*Channa maculata*)为母本、以浙江杭州钱塘江野生群体乌鳢(*Channa argus*)为父本进行杂交实验，培育出杂交鳢"杭鳢1号"，并于2009年12月通过全国水产原种和良种审定委员会审定，可以全程摄食配合饲料，但推广带动较慢。

第三节　养殖模式

养殖技术与模式是针对生物学习性采取的技术管理措施总结提炼形成的，因此提高养殖技术的关键在于熟悉掌握其习性。嘉兴地区乌鳢养殖品种主要是本地乌鳢及杭鳢1号，后者是本地乌鳢为父本和广东斑鳢为母本杂交而成，主要养殖模式有三种。

一、乌鳢集约化冰鲜鱼养殖模式

集约化冰鲜鱼养鳢在我市已有近20年之久，积累了成熟的养殖经验，取得了良好的养殖产量，突破了亩产5 000 kg大关，但也带来了很大的污染问题。

养殖设施：土地、石砌石、土底旧鳗池均可养殖，高密度单养水深要求1.5～2 m，池深在2～2.5 m，大小667～2 000 m^2。进排水口做好防逃设施，四周宜设置防逃设施，四周水面种水草，占比小于25%。

清塘培水：养殖前15～20 d，每667 m^2 用生石灰100～150 kg作一次彻底消毒，1周后进水，进水10 d后可以放养。

鱼种放养：鱼种选择10 cm以上的隔年鱼种，以16～20 cm为宜。小规格鱼种需经1～2次的分养。放养时间为3—4月，下池前严格消毒预防，一般采用3%～5%食盐水浸泡10～15 min。放养密度主要取决于鱼种规格，10～14 cm的鱼种投放4 000～5 000尾/667 m^2，16～20 cm的鱼种投放3 000尾/667 m^2。

饲养管理：采用海、淡水小杂鱼为主，主要是海水冰鲜鱼及淡水鰺鲦等。投饲要“四定”，以击拍声为“信号”，容易形成抢食的局面，提高摄食量，减少饲料的浪费，投饲量为鱼重的6%～10%，随着鱼体长大而投饲量逐渐下降到6%左右。

日常管理：注意巡塘，观察鱼的摄食、活动、发病动向和环境变化情况，做好水质管理、清洗食台、控制水草等工作。在成鱼养殖早期可以每周换去1/3，15 d大换一次，约换去4/5，随着鱼体长大，高温季节，一般3 d一小换，7～10 d一大换，具体看水质的变化灵活掌握。冬季和高温季节水位要升高，保持水温的相对稳定。

成活率与产量：放养10 cm以上的鱼种，经11～12个月（包括越冬期）养殖，成活率在75%～80%，个体均重0.6～1 kg，亩产可达4 000～5 000 kg；3—4月放养的翌年鱼种16～20 cm，经8个月的养殖，当年年底可达平均0.9 kg，成活率在90%以上，667 m^2 产量可达3 000～5 000 kg。

二、乌鳢生态化套养模式

乌鳢生态化套养模式较集约化冰鲜鱼养殖模式更为生态，更符合水产健康养殖的要求。主要区别在于降低了乌鳢养殖密度，套养其他养殖品种，有条件的还进行养殖尾水处理排放。

养殖设施：增设管道曝气设施，一般在池塘较长方向的两侧1/3处各铺设两根管PVC管于水下1 m处，每隔0.8 m左右打一个1 mm气孔，气源使用罗茨风机，要求气量0.1 kW/亩。除池塘四周种植水生植物外，用围网在池塘中央种植水生植物，以水葫芦、空心菜等为宜，水草总种植面积占池塘的1/3为宜。

鱼种放养：放养乌鳢鱼种1 000～1 500尾/667 m^2，套养鲢、鳙60尾/667 m^2，鲫、青300尾/667 m^2，鳖100尾/667 m^2。

生产管理：采用配合饲料、冰鲜鱼交替投喂的养殖模式，早上选用配合饲料，投饲量为1%～2%，傍晚使用冰鲜鱼，投饲量为3%～4%。定期使用生物制剂，使用频率10～15 d/次。定期换水，换水量以1/3为宜，一般定于使用生物制剂前1 d，并视池塘水质状况和病害发生情况适当调整。注意甲鱼防逃设施的检修，谨防套养鱼类浮头。

产量表现：2013—2015年，在大麻镇姚建松、沈中华等养殖场试点，产量表现良好，水质检测明显优于对照塘。一般667 m^2亩产乌鳢1 000 kg，鲢110 kg，鳙25 kg，鲫100 kg，青50 kg，鳖150 kg。

三、杭鳢1号配合饲料专养模式

杭鳢1号的养殖技术与本地乌鳢相似，主要区别在于投喂配合饲料，关键技术在于大规格鱼种培育。

大规格鱼种培育：杭鳢1号一般购买夏花鱼种，需要驯化和分养。当鱼体规格长至2.5 cm左右，鱼苗体色转黄，此时可进行人工驯食。驯食过程按“活红虫—死红虫—冰鲜鱼糜—配合饲料”的顺序，逐渐调整不同种类饵料的比例直至完全使用人工配合饲料，一般7～15 d完成驯化。驯养期间要及时进行大小分养，方法为：“分小留大”，即将小规格鱼种过筛分到备用塘饲养，大规格鱼种留在原池饲养。挑出的特大规格鱼种,可放入其他池塘饲养。

商品鱼养殖:一般放养规格在 200～250 尾/kg 的鱼种。杂交鳢商品鱼养殖方法跟其他投喂浮性饲料的养殖鱼类基本相似,全程投喂人工饲料养殖,投饲应遵循“四定”原则,注意水质调控环节。在池塘角种植 1/5 左右水面的水生植物;每隔 15～20 d 使用一次生石灰,用量 10～15 mg/L;每隔 15～20 d 使用一次有益微生态制剂;每隔 15～20 d 注新水一次,每次加水 10～15 cm,保持池水的透明度在 25～30 cm。

第四节　病害防治

贯彻以防为主、防治结合、防重于治、有病早治的原则。从内外因的关系出发,首先从增强鱼体免疫能力、消除病原体、改善饲养环境着手。增强鱼体抗病能力:选择体质健壮、规格整齐;合理密养、适时分养;加强饲养管理坚持“四定”,注意饲料的营养成分全面性。捕捞、分养、运输等生产活动操作要谨慎,防止鱼体受伤,饲养料中添加药物预防。消除病原:彻底清塘消毒,苗种入池前消毒,水体定期消毒等。改善饲养环境:加强水质管理、种青、增氧设施等。下面介绍几种常见疾病的防治方法:

一、寄生虫病

病原体为小瓜虫、车轮虫等。在乌鳢苗期大量寄生在鳍膜上和体表。寄生后鱼苗活动缓慢,常漂浮于水面和食台上,会引起大量死亡。多发于 3—4 月和 10—11 月,是苗期的主要寄生虫病,影响 1～2 龄鱼种。

预防:放养前用生石灰彻底清塘,放养时进行鱼种消毒。每亩用 10～20 kg 楝树枝叶浸呕于池塘四周。治疗:每亩用辣椒干

250 g、鲜生姜 500 g，研碎后煎干全池泼撒，治疗效果较好；每亩用 20～30 kg 楝树枝叶煎干后泼撒；硫酸铜 0.5～0.7 mg/kg 全池泼洒也有疗效。

二、赤皮病

病原体为荧光极毛杆菌。鱼体体表局部出血、鱼鳞脱落，特别是腹部两侧，有蛀鳍现象。鱼体行动缓慢，病鱼常漂浮于水面独游，常伴有水霉并发，直至死亡。5—6 月为高发期，死亡率可高达 80％。

预防：用生石灰彻底清塘；在分养、捕捞、搬动中操作要谨慎，免伤鱼体；阴雨季节多消毒能很好抑制。治疗：用氯制剂水体消毒，使池水达到 0.3～0.45 mg/kg；口服鱼服康和大蒜素，拌饲投喂，连用 3～5 d。

三、暴发性出血病

由嗜水气单胞菌引起。主要原因是放养密度高，投饵过量，残饵未及时清除，堵塞网孔，腐败污染网箱内水质而导致病原菌大量滋生，毒性增强，感染率提高而致病。病鱼的鳍基和下颌到肛门的腹部发红，特别是胸鳍基部和靠近鳃盖后缘的体壁两侧有垂直鱼体侧线的出血条纹。个别病例尚有眼眶充血和肌肉充血现象，严重时腹部肿胀。病鱼鳞片松散，容易脱落。此病流行于 6—8 月，曾有急性变化，从发现充血症状后，经 3～4 d 大批暴死的现象。

预防：成鱼池在冬捕之后，清淤排污，彻底清塘，全面消毒；选用新鲜无病的饵料鱼投喂，投喂前用 3％～5％食盐溶液浸泡 30～60 min 消毒后投喂；每隔 15～20 d，每亩用 25～30 kg 生石灰消毒一次或采用含氯消毒剂消毒。治疗：消毒用 20～30 mg/kg 福尔马林，或用 0.3～0.5 mg/kg 含氯的水质消毒剂，或 15～

25 kg/亩生石灰;抗生素拌饲投喂,以恩诺、强力霉素、磺胺类药物为佳,连用 3～5 d。

四、诺卡氏菌病

病原为诺卡氏菌,多发于 5—10 月。病鱼上浮水面,反应迟钝,食欲下降,眼球突出,鳍基部和腹部有少量出血,腹部肿大。解剖发现腹腔内有积水,肾脏和肝脏上有一颗颗乳白色的突起,也有部分病鱼腹腔内有游离的乳白色颗粒,大小在 1～3 mm。

药物防治:首先大量换水,将池水的 3/4 排出,加入新水。再用 0.3～0.45 mg/kg 三氯异氰尿酸全池泼洒,隔天一次,连用两次。同时用罗红霉素和利福平拌饲投喂,用量为每千克鱼体每天各用 0.01 g,连续服用 7～10 d;并加以维生素 C 护肝,用量为每千克饲料用 2 g。添加的药物先和甲鱼饲料混合,并与冰鲜鱼混合捣匀投喂。

第九章

泥鳅养殖技术

第一节　生物学特性

一、分类

泥鳅，属脊索动物门硬骨鱼纲鲤形目鳅科泥鳅属。一种卵生两栖爬行动物。

泥鳅养殖彩图

二、形态特征

形体小，细长，只有 10～13.4 cm。且它体形圆，身短，皮下有小鳞片，颜色青黑，浑身沾满了自身的黏液，因而滑腻无法握住。前段略呈圆筒形。后部侧扁，腹部圆，头小、口小、下位，马蹄形。眼小，无眼下刺。须 5 对。鳞极其细小，圆形，埋于皮下。体背部及两侧灰黑色，全体有许多小的黑斑点，头部和各鳍上亦有许多黑色斑点，背鳍和尾鳍膜上的斑点排列成行，尾柄基部有一明显的黑斑。其他各鳍灰白色。

三、生活习性

泥鳅喜欢栖息于静水的底层，常出没于湖泊、池塘、沟渠和水田底部富有植物碎屑的淤泥表层，对环境适应力强。生活水温10～30℃，最适水温为25～27℃，故应属温水鱼类。当水温升高至30℃时，泥鳅即潜入泥中度夏。冬季水温下降到5℃以下时，即钻入泥中20～30 cm深处越冬。

泥鳅不仅能用鳃和皮肤呼吸，还具有特殊的肠呼吸功能；当天气闷热或池底淤泥、腐殖质等物质腐烂，引起严重缺氧时，泥鳅也能跃出水面，或垂直上升到水面，用口直接吞入空气，而由肠壁辅助呼吸，当它转头缓缓下潜时，废气则由肛门排出。每逢此时，整个水体中的泥鳅都上升至水面吸气，此起彼伏，故西欧人对它有“气候鱼”之称。冬季寒冷，水体干涸，泥鳅便钻入泥土中，依靠少量水分使皮肤不致干燥，并全靠肠呼吸维持生命。待翌年水涨，又出外活动。

由于泥鳅忍耐低溶氧的能力远远高于一般鱼类，故离水后存活时间较长。在干燥的桶里，全长4～5 cm的泥鳅幼鱼能存活1 h，而全长12 cm的成鱼可存活6 h，并且将它们放回水中仍能活动正常。

四、食性

泥鳅是以植物性饵料为主的杂食性动物，在晚上出来捕食浮游生物、水生昆虫、甲壳动物、水生高等植物碎屑以及藻类等，有时亦摄取水底腐殖质或泥渣。

五、繁殖习性

泥鳅为多次性产卵鱼类。在自然条件下，泥鳅2冬龄即发育成熟，4月上旬开始繁殖，5—6月是产卵盛期，一直延续到9月还可产卵。繁殖的水温为18～30℃，最适水温为22～28℃。

雌鳅性成熟较雄鳅迟，体长5 cm时，雌鳅体内有一对卵巢，体长8 cm时，2个卵巢愈合在一起，成为1个卵巢，并由前端向后端延伸，这时整个卵巢发育开始成熟。

雌鳅产卵量因个体大小不同而有很大差异。最小性成熟个体体长8 cm，产卵量2 000粒左右，10 cm的产卵量为7 000～10 000粒，体长12 cm的产卵量12 000～14 000粒，体长15 cm的产卵量为15 000～18 000粒，体长20 cm产卵量为24 000粒左右。产卵量最多的可以超过6.5万粒。卵圆形，卵径0.8～1.0 mm，吸水后膨胀到1.3～1.5 mm，卵黄色，为半黏性，黏附力不强。由于卵在卵巢内成熟度不一致，每次排卵量为产卵数的50%～60%。

雄鳅最小性成熟个体体长在6 cm以上，性成熟较雌鳅早，雄鳅精巢一对，位于腹腔两侧，呈带状且不对称，右侧的精巢比左侧的长而狭窄，重量也轻一些，当雄鳅体长为9～11 cm时，精巢内的精子约有亿个。泥鳅产卵喜在雨后晴天的早晨，产卵前，雌鳅在前面游动，数尾雄鳅在其后紧追不舍，发情时，雌雄鳅多活动在水表面和鱼巢周围，当发情达到高潮时，雌雄鳅的头部和躯体互相摩擦并相继游出水面。雄鳅追逐纠缠雌鳅，并卷曲于雌鳅腹部，以刺激雌鳅产卵，同时雄鳅也排出精子，进行体外受精，这种动作因个体大小不同而次数也不相等，个体大的可在10次以上，受精卵先黏附在水草或其他附着物上，随着水的波动，极易从附着物上脱落沉到水底。

第二节　养殖概况

泥鳅所含脂肪成分较低，胆固醇更少，属高蛋白低脂肪食品，且含一种类似二十碳戊烯酸的不饱和脂肪酸，有利于人体抗血管衰老，故有益于老年人及心血管病人，故有“水中人参”之称。不仅本国群众欢迎，还深受日本、韩国民众喜欢。过去我国泥鳅的资源十分丰富，除满足本国市场外，还出口至日、韩，换取了大量外汇。然而随着我国经济的快速发展，环境污染日益加剧，加之电捕等非法作业，泥鳅资源受到极大破坏。伴随生活水平的提高，群众对泥鳅的滋补、药用价值的重新认识，泥鳅的价格扶摇直上，5 年前平均价格为 20 元/kg，目前已上升至 40 元/kg 以上。随着价格上升，越来越多的人开始关注泥鳅养殖，现在已成为水产养殖新的热点。

一、发展概况

泥鳅作为嘉兴市的一个土著品种，从 20 世纪 90 年代起就有养殖户开展育苗、养殖试验，但由于对泥鳅的繁殖、生长习性未作深入研究，基本以失败告终。进入“十二五”，浙江省海洋与渔业局在全省开展养鱼稳粮增收工程，把渔业与传统农业结合在一起，谋划以生态效益为纽带，以产品质量为核心竞争力，助推两大行业共同发展。由于泥鳅本身生长在稻田等浅水水域中，十分适合种养结合和湿地养殖模式，发展十分迅猛，2012 年全市已发展稻鳅共生面积 45 hm^2，平均每 667 m^2 增收 1 274.9 元，随着 2013 年台湾鳅引入内地，由于其非常适合高密度精养，报道出来的产量超过 1 000 kg /667 m^2，迅速成为当年水产养殖的热点，嘉兴市也有不少水产养殖户投身其中之一，2015 年高密度精养面积约 66.7 hm^2，但由于是新引进的品种，其养殖技术尚不稳定，真正养殖成功的比例还不高，还有待摸索。

二、养殖品种

目前适合嘉兴市养殖的主要为三类品种：青鳅、黄斑鳅、台湾鳅（图 9-1）。

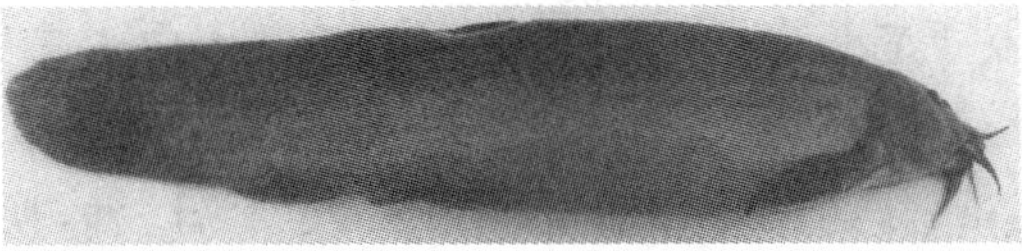

图 9-1　台湾鳅

1. 青鳅

属真鳅属，学名真鳅，头尖尾尖，中间粗圆，呈青黑色。

2. 黄斑鳅

属副泥鳅属，学名大鳞副泥鳅，身体细长，略呈扁形，色橘黄有斑点。

3. 台湾鳅

目前尚未定种，该泥鳅种源库原创者林森莊先生和我国台湾“神农奖”得主林朕古先生经过近 20 年连续选育创制而成，由东南亚的母鳅和台湾当地的公鳅杂交选育而成。

据宁波大学徐如卫副教授介绍，台湾大泥鳅与大鳞副泥鳅遗传聚类相近；台湾大泥鳅与大鳞副泥鳅存在直系亲缘关系；台湾大泥鳅种群有杂交或多倍体现象；其生长性状优良，有以下优点：

(1)增长率高　5～6 个月增重 300 倍(个体约 100 g)；

(2)单产高　可高达 2 500～4 000 kg/667 m^2；

(3)转换率高　饲料利用充分，饲料系数 1.2 左右；

(4)成活率高　病害少，寸片养成常在 80%以上；

(5)起捕率高　不钻泥，网捕可起鱼 95%。

第三节　苗种繁育技术

近二年，泥鳅作为浙江省渔业重点推广品种越来越受到水产养殖户的重视，且随着市场价格的上涨、种养模式的推广，其养殖形势日益看好。但制约泥鳅养殖的瓶颈是种苗供应，目前泥鳅的大规模繁育技术尚未成熟，为此从2009年起，我们开展大规模繁育技术研究，迄今已逾7年，现在规模化繁育已基本成熟，现将研究成果和经验教训介绍如下：

一、泥鳅的人工繁殖技术

（一）种鳅的选择

种鳅的来源主要有两类：一是自己培育，可以从上一年的亲本中挑选产卵量大，成熟度好的进行留种，也可从上一年培养的商品鳅中选择。二是购买从野生水域捕捞来大规格的种鳅，但一定要选择用笼捕的，电捕的其成活率、发育度都会受一定影响。成熟度好的泥鳅一般腹部膨大、柔软，轻轻挤压会有精液、卵子溢出，全长要求在12 cm以上，繁殖时气温在25℃以上，时间在4月底左右开始。

（二）催产方式

为了达到大规模繁殖，一般采取注射催产剂方式获得大批量受精卵。从节约成本及操作方便考虑，我们采用单一激素和一针催产。我们采取注射HCG或专用泥鳅催产激素，催产剂量是12 cm长雌鱼700 IU/尾，雄鱼减半，考虑注射剂量太少不容易控制。注射量为0.2 mL，采用胸鳍或肌肉注射。

（三）产卵及孵化

注射后种鳅放入水泥池，水泥池一端设置冲水设施，使水泥池呈微流水状态，一般12 h后80%雌鱼可发生排卵，将亲鱼捞出后，通过排水管道将受精卵收集起来，并倒入不锈钢喷水孵化缸（图9-2），25℃水温16 h可出膜。

图9-2 泥鳅繁殖孵化设施

如果没有孵化缸，可在水泥池底部放置绢网，并在下面垫上砖块，使之呈悬空状，受精卵基本都黏附在网片上，等亲鱼排卵后将之捞出，并放置若干曝气头，一般 3～4 m^2 放置一个，25℃水温基本 20 h 即可出膜。

二、苗种培育技术

泥鳅苗出膜 3 d 后，其卵黄囊基本消失，需进入苗种培育阶段，从操作和管理考虑，还是建议用水泥池为好（图 9-3），一般每平方米放养水花苗 2 万左右，培育期间需抓好以下环节：

图 9-3 泥鳅苗种培育池

（一）饵料培养

目前市场上尚无成熟的泥鳅开口饲料，一般还需业主自己培养，国内也有卤虫作为开口料的，但目前除少数大型育苗场有条件、实力使用外，一般普通家庭为主的中小型养殖场还是以肥水育苗较为可行。我们在催产时同步进行发酵沤肥，考虑来源方便采用猪粪，一般堆在水泥池一角，1 周后肥水即可泼于育苗池用于生产轮虫，实际培育中 3～5 d 视水色补充肥水。出苗后 1 周光靠浮游动物已不能满足生长需求，为补充饵料，可每天增加投喂 1～2 次豆浆或蛋黄。

(二)水质管理

泥鳅苗种培育过程需注意加强水质管理，最好采用底部增氧方式，平均 500 m^2 水泥池配备 3.5 kW 的鼓风机，由于育苗期间从 5 月开始，水温日渐走高，水位宜从 0.3 m 逐步加深，每隔 3 d 加 3 cm 左右，最终加至 0.5 m，期间可应用生物制剂稳定水质，每 3 d 泼洒一次枯草芽孢杆菌。

(三)分养

泥鳅苗种培育过程很重要的环节是分养，因为培育过程需大量肥水和投饵，培育池底部积累大量的饵料残渣和排泄物，随着时间延续及泥鳅苗种规格增长，水体负载已不能承受，因此培育 2 周，规格达到 2 cm 后可以进行分养。从浙江泥鳅养殖的条件分析，当年上市很困难，建议当年培养大规格鳅种为好，可直接放养在土池，一般放 10 万尾/667 m^2。池塘放养前应清塘和消毒，并在放养 1 周前用基肥培肥水质，保证水体中有充足的浮游动物作饵料。

(四)投饵管理

目前市场上已有专门的泥鳅饲料，如没有也可用鱼料或虾料代替，蛋白含量要求达到 35%即可，此外沉性或浮性料效果皆相差不大。为提高饲料投喂效率，建议一天投喂 3～4 次，少量多餐，同时适时肥水补充天然饵料，将有助于提高投饵系数。

(五)种植水生植物

夏季高温期间，除提高水位外，可适当种植一些水生植物，如水花生或水葫芦皆可。水生植物可提供泥鳅遮阳、栖息的场所，同时也能吸收水体中的氨氮、亚硝酸盐等有害物质，改善水质，保持良好的水环境。

经过当年的强化培育，至年底一般规格可达 6～7 cm，至第二年可进入成鳅养殖。

三、经验

(一)种鳅应自己培养

从试验的效果看,外购的泥鳅由于受捕捞方式和运输的影响,催产很困难,往往需多种激素混合使用才有效果,而且排卵率不高,而自己培育的泥鳅只需一种激素即可,且排卵比例高。同时外购泥鳅在繁殖过程中死亡比例较高,一般达60%以上,而自己培育的种鳅成活率能达60%以上,减少了损失。

(二)规模化繁育宜用孵化缸

一般容量在1 m^3 的孵化缸可孵化50万~60万受精卵,如果采用水泥池微流水孵化,每平方米不能超过2万,大规模育苗将受场地制约。

(三)苗种培育后期宜在土池培养

比较水泥池与土池培养,前期应选择水泥池,不仅操作方便,而且便于观察生长状况。一旦达到3 cm以上,泥鳅能依赖肠道呼吸,就可移至土池培养。土池水体较大能形成稳定的水环境减少应激反应,而且天然饵料众多能弥补饵料不足,有利于提高成活率,减少饲料投入,增加效益。

第四节 养殖模式

泥鳅养殖主要有高密度精养、多品种混养、种养结合等模式。

一、高密度精养模式

高密度精养主要是放养密度高,在江苏省赣榆地区放养量甚至可达10万尾/667 m^2,从嘉兴市养殖的情况分析,放养量在3万~4万尾/667 m^2 为宜。

(一)养殖品种

从适合性分析以台湾鳅为好、其次是青鳅。

(二)养殖设施

1. 养殖池塘

选择面积为 2 000～3 500 m^2 的池塘。池深 1.2～1.5 m、坡比为 1∶(2～3)、池底平坦。

2. 增氧设施

每 2 000 m^2 配备 1.5 kW 增氧设施，以提水式或底增氧效果好。

3. 防逃、防鸟设施

养殖池四周设置围栏，高度 1 m 以上；上方设置防鸟天网。

4. 放养前准备

鳅苗下池前 10～15 d，进行清塘消毒。先将池水排干，检查有无漏洞。然后用生石灰清塘，池水深 10 cm 时，生石灰用量 200～250 mg/L。当池水无法排干时，用 20 mg/L 的漂白粉进行清塘。清塘后 1 周注入新水，注入的新水应过滤，进水口套用网目为 80 目的网袋过滤。

(三)苗种放养

1. 选择优质种苗

挑选规格整齐(4 000 尾/kg)、形态丰满、体表光洁、色泽一致、游动力强的苗种。

2. 放养密度

放养量以 30 000 尾/667 m^2 为好，如有流水养殖设施可扩大放养密度。

(四)投饵管理

1. 饲料种类

种类有鱼粉、蚕蛹、猪血(粉)等动物性饵料及谷物、米糠、大豆粉、麸皮、蔬菜、豆腐渣等植物性饲料和配合饲料。可使用浮性配合颗粒饲料，粗蛋白含量30%以上。

2. 投饲量

水温15～20℃时，投饲量以鱼体重的2%为宜；水温20～28℃时，投饲量增至鱼体重的3%～5%；水温高于30℃或低于10℃时，减少投饲。

3. 投饲方法

配合饲料直接投喂，粉状饲料将饲料搅拌成软块状，沿池塘四周散投。每天投喂二次，分别在上午8～9时，下午5～6时各投喂一次。

(五)日常管理

1. 水质管理

池水以黄绿色、透明度以20～30 cm为宜，酸碱度为中性或弱酸性。当水色变为茶褐色、黑褐色或水中溶氧量2 mg/L以下时，应及时注入新水。适时使用有益微生物制剂。

2. 增氧管理

晴天中午开，阴天清晨开，连绵阴雨半夜开，傍晚不开，浮头早开，生长旺季每天开的原则。开机时间应掌握：半夜开机时间长至第二天上午7时后关机，中午开机时间短；施肥、天气闷热开机时间长。

(六)捕捞

泥鳅一般在水温下降至18℃以下时，停止生长，在嘉兴市基本处于10月底即停止摄食，应及时捕捞上市，目前本地在池塘内长时间囤养越冬其损耗较大，从经济效益角度分析并不提倡。

捕捞一般采取笼捕、干池捕捞相结合(图9-4)。

图 9-4 泥鳅起捕

二、多品种混养模式

泥鳅作为底栖鱼类，在自然条件下以小鱼、小虾、水生昆虫、植物碎屑为食，可以与淡水鱼、虾蟹类等混养，充分利用水体，同时对发病、死亡的养殖品种、饲料残饵起到"清道夫"作用，可以有效改善水质、切断病原体，减少疾病传播，从而确保养殖成功，同时增加了泥鳅产量，达到了增产增收的效果。

(一)鱼鳅混养

1. 主养品种

适于鱼塘混养的主养鱼类主要是不争饵料、不争空间的草鱼、鳊鱼、花白鲢、加州鲈、翘嘴红鲌等为主。

2. 泥鳅放养

(1)放养时间　泥鳅的放养时间一般在 4 月下旬。

(2)放养品种　以黄斑鳅、台湾鳅为好。

(3)放养数量　放养 5 cm 以上规格，一般每 667 m^2 套养 0.3 万尾。

3. 捕捞

泥鳅应于 10 月中下旬以地笼方式进行捕捞，如价格不理想，可放到网箱进行暂养。

(二)虾鳅混养

1. 主养品种

南美白对虾、罗氏沼虾、青虾、河蟹等甲壳类养殖品种。

2. 泥鳅放养

(1)放养时间　一般需等主养虾蟹类品种放养至相应规格，比如南美白对虾、罗氏沼虾均需达到 5 cm，在本地基本需 6 月底左右。

(2)放养数量　放养 3 cm 以上规格，一般每 667 m^2 套养 0.5 万尾。

(3)捕捞　主养南美白对虾、罗氏沼虾的一般于 10 月底捕捞上市，泥鳅也应于同期及时捕捞。

三、种养结合模式

泥鳅本身就适合在稻田、茭白、菱田、藕田等中生长，在实际生产中，将泥鳅养殖和常规种植技术相结合，扬长避短，就形成适合本地区推广的泥鳅种养结合技术和模式。

(一)稻鳅共生种养技术

稻田养鳅(田面种稻，水体养鳅，鳅粪肥田，稻鳅共生)是把种植业和水产养殖业有机结合起来的立体生态农业的生产方式，它符合资源节约、环境友好、循环高效的农业经济发展要求(图 9-5)。

1. 稻田改造

(1)田块选择　建议在整个种养区外围设有竹篱笆围墙，并搭建天网，以防鸟害(图 9-6)。养殖水源充足，水质清新无污染，进排水方便，保水性能好，田间地块面积每 0.67 hm^2 分隔为一个单元，连片种养，便于管理。

图 9-5 稻田养鳅

图 9-6 防鸟设施

(2)田埂改造 加高加固田埂,田块总埂比田面高 60 cm,埂宽大于 1.5 m,田块中间分隔埂比田面高 0.4 m,顶宽 0.4 m,捶打结实,不倒不漏。并在田埂边铺设皮条网片,深埋入地 0.2 m,并高于埂 0.3 m,防止鳅外逃。

(3)鱼沟开挖 在稻田每个田块里开挖鱼沟。田块两头横向两条沟,排水口一端为主沟,也为排水沟,宽 2~3 m,深 0.8 m,进水口一端为附沟,宽 0.5 m,深 0.2 m,也为进水沟;纵向为纵沟,每 12 m 左右一条,宽 0.5 m,由附沟向主沟方向逐渐变深,深 0.2~0.4 m。统称为四周开环沟,中间开纵沟,同时保证进排水畅通。

(4)进排水　在进排水口埋设进水管和出水管，均采用 6 英寸 PVC 管。在进水口套张 60 目纱绢过滤网袋，防止其他野杂鱼鱼卵或鱼苗进入；在排水口设有拦鱼设施，并张有 20 目聚乙烯网片。

2. 水稻栽培

(1)品种选择　水稻品种选用优质高产、抗病性好、抗倒性强、生育期中熟偏迟的新品种秀水 134。

(2)育秧方式　水稻栽培采用机械化育插秧技术。稻种经药剂浸种催芽后播种，播种时间为 5 月中下旬，分批播种，用种量 3 kg/667 m^2，每亩准备 23～25 盘，秧本田比(育秧面积与稻田面积之比)为 1∶100。

(3)机械插种　按不同播种期，控制秧龄 20 d 左右，叶龄 4 叶上下适期插种，插种规格 30 cm×12 cm，667 m^2 插 1.8 万丛，每丛 3～5 株，每 667 m^2 插 6 万～9 万基本苗。

(4)大田施肥　基肥选用肥效长的粪肥、饼肥等腐熟有机肥料为主，每667 m^2 用量 500～600 kg，插秧前均匀撒入田间，再灌水整地，同时施用复合肥 20 kg；以后根据稻、鳅生长情况补施些速效化肥，每 667 m^2 施 10 kg 左右尿素，不使用碳铵。

(5)农药施用　严格控制化学农药，选用高效、低毒、低残留农药，不使用除草剂及高毒、高残留农药，使用农药前提高水位，采取分片、隔日施用的方法，减少药液落入水中，施药后及时换水；烤田时缓慢放水，使泥鳅逐渐进入田间沟中。粉剂在早上有露水时施用，乳剂等露水干后施，选择高效、低毒、无残留的农药。

3. 泥鳅养殖

(1)鳅种放养

①放养规格及放养量。考虑到要当年起捕，在实际生产中建

议用越冬的大规格鳅种，用6～8 cm，放养密度在4 000尾/667 m^2，在放养时，用50 mg/kg聚维酮碘溶液食盐水浸洗消毒10～15 min后放养至主沟暂养。

②放养时间。泥鳅放养时间为3月中下旬。

(2)饲料投喂　使用泥鳅配合饲料，蛋白质含量34%。泥鳅放养后，即开始少量投喂饲料，1周后日投喂量逐渐增加到泥鳅重量的1%～3%，养殖后期，因田间昆虫和水稻花粉落入水体兼作泥鳅的饲料，所以投喂量减少至正常投喂量的1/2，养殖前期和搁田期间，按正常投喂量投喂。投饲时间为上午8时、下午4时各投一次，严格按照“四定”原则投喂。

(3)鱼病防治　良好的稻鱼共生条件以及较低的放养密度下，泥鳅很少发病。但也要做好预防工作，首先要做好鱼沟消毒和鱼体消毒。其次，每月用二氧化氯进行水体消毒一次，用量为0.2 mg/kg。

(4)防鸟措施　因稻田养殖区域周围白鹭较多，在养殖前期，在养殖沟和大田间，先用20 cm高的聚乙烯网片(网目20目)进行隔离，让早期放养的泥鳅只能在养殖沟中摄食和活动，并在养殖沟的上方用有结网(网目2～3 cm)遮盖防鸟，待7月上旬水稻长茂密后，再拆除隔离网片，让泥鳅可以到大田中觅食，此时白鹭已无法掠食泥鳅。

(5)日常管理

①换水。养殖期间泥鳅不用换水，只根据水稻生长的需要进行灌水和搁田工作，搁田时放水宜缓。

②施肥。针对泥鳅养殖，在稻鳅共生条件下，不用施肥，同时适当减少稻田的施肥量。

③做好防洪、防旱、防逃、防盗工作。防逃主要在于四周围网的铺设质量，并加强日常检查和管理工作，特别是台风和大水期

间;防盗处做好围栏和盖网等设施外,重点在于管理,尤其是水稻收割期间。

④捕捞。泥鳅应于10月底前用地笼起捕,剩余部分等水稻收割后干池捕捞。如想等春节售价较高时销售,应囤养至水泥池或网箱,但应注意要消毒、防冻工作。

4.效益分析

(1)经济效益　试验田块水稻长势优于对照田块,单位面积产量高于常规产量。但因5%的面积用于开沟养鳅,实际水稻产量相差不大,推算泥鳅产量50 kg/667 m^2,市场价40元/kg计,亩产值2 000元,亩直接增收益1 000元。因稻米在种植过程不用农药,品质较高,如有附加品牌营销,亩增效益十分可观。

(2)社会效益　本种养结合模式,具有投资少、收益大、见效快、增粮、节地、节水等优点,是促进农村经济发展,使广大农民尽快富裕起来的有效途径。为了增加农民的经济收入,切实按照科学技术要求抓好稻田养殖泥鳅,发挥示范带动作用,推动大面积稻田养鳅的发展。

(3)生态效益　田面种稻,水体养鳅,鱼粪肥田,稻鳅共生,把种植业和水产养殖业有机结合起来的立体生态农业的生产方式,它符合资源节约、环境友好、循环高效的农业经济发展要求。合理地改善了水稻的生长发育条件,促进了稻谷的生长,改善了土壤通透性,提高土壤肥力,一定程度上减轻了水稻病虫害。

(二)茭鳅种养技术

1.种养结合优势

茭田养鳅是一项有益于农民增收的重要举措,在土地资源日益紧缺的形势下,推广种养共生模式,既能提供优质的水产品,又能产出“绿色食品”的茭白,是农民增效增收的新途径。

该模式的主要优点在于:一是倒逼生态种植。通过种养结合与培肥地为基础，少施化学肥料，田里养了水产品不能乱用农药，除虫防病的措施是：农业防治、物理防治和生物防治的综合防治措施，达到少用或不用化学农药。二是限制污染排放。田里肥水污染物原质上不外排，解决肥水外流和田中浮萍外漂，对农业的污染从源头解决，符合资源节约、环境友好、循环高效的农业经济发展要求。三是茭鳅共生共赢。茭田腐殖质养鳅，鳅粪肥茭是种养有机结合起来的立体生态农业的生产方式，同时改善了土壤通透性，提高土壤肥力，促使茭白健康生长，减轻了茭白病虫害的发生。

2. 基础设施改造

(1)开挖沟道 每块茭白田纵向开好深沟，沟宽 100 cm，沟深 50 cm，既拓宽泥鳅生活环境又便于茭田农事操作。

(2)防鸟防逃 在设置二防设施上，我们用"天网"支撑覆盖，防鸟(主要是白鹭)。防逃主要是进排水口建设，设置了牢固的双层夹篱，内层用水泥砖块固定的 20 目铁丝网片，外层用聚乙烯 60 目网片挡住茭田浮萍和其他杂物，有利于排水，周边设置防逃网防止泥鳅外逃。

(3)设置围栏 示范基地周围用围栏防止晚上来人捕捉青蛙和电捕泥鳅。

3. 茭白种植

在 2 月茭白田灌水前，每 667 m^2 施经发酵过的有机肥 500 kg 左右，将其中 200 kg 均匀地施于鳅沟内，其余的施在田块上并深翻入土。翻土时警惕不破坏鳅沟、鳅窝。有机肥施完后，静待 1 周左右，使土壤更好吸收有机肥中的营养成分。4 月初可开始处理茭白种苗，双季茭白种植最大的优势在于上半年种植时，无须育苗种植，只要在原有的发芽的老墩上处理芽苗即可。先用田里的淤泥覆盖老墩的中央，使留下的芽苗环绕老墩，再去掉环绕芽苗中的病苗、弱势苗。

4. 泥鳅放养

鳅苗放养前 10 d 左右，每 667 m^2 田用生石灰 15 kg，兑水搅拌后均匀泼洒，杀灭田中的致病菌和敌害生物。第一次放鳅苗一般在 6 月上中旬，视天气情况，鳅苗放养时间可适当提前或推迟。放养前用 3%～5%食盐水浸洗鳅体 10～20 min，每 667 m^2 放养鳅苗 50 kg 左右，体长 5 cm 苗约 2 万尾。

5. 田间管理

(1)水质管理　茭白移植和苗种放养初期，鱼幼苗矮，可以浅灌，水位保持在 10～15 cm，随着茭白长高，鱼种长大，要逐步加高水位至 20 cm 左右，使泥鳅始终能在茭白丛中畅游索饵。茭白田排水时，不宜过急过快。夏季高温季节，要适当提高水位或换水降温。

泥鳅属杂食性鱼类，常以有机碎屑、浮游生物和底栖动物为饵料。在养殖过程中应在鳅沟、鳅窝中定期追施经发酵的畜、禽粪等，也可施用氮、磷、钾等化肥。田水透明度控制在 15～20 cm，水色以黄绿色为好。在泥鳅苗放入茭白田之后，在鳅沟、鳅窝中要隔 10～15 d 用生石灰兑水泼洒进行消毒一次。

(2)饵料管理　泥鳅苗放入茭白田之后，购买泥鳅专用配合饲料投放。4 月下旬为泥鳅过冬后适应期暂不投放饲料；5 月起每隔两日投喂一次，投喂粗蛋白 40%的小鱼料，使泥鳅开始慢慢进食，大约 1 周后，每日投喂一次；6—9 月随着水温升高逐渐降低饲料的粗蛋白含量，10 月以后投喂的饲料以增加鱼体的脂肪为主；饲料的日投喂量为泥鳅总体重的 4%～8%，具体要视水温、天气、泥鳅摄食情况等灵活掌握。

(3)用药管理　防治茭白病虫害时应尽量采用高效低毒农药，如 10%吡虫啉、康宽、70%代森锰锌等、并严格控制安全用量。施药前田块水位要加高 10 cm，施药时喷雾器的喷嘴应横向朝上，尽量把药剂喷在茭叶上。粉剂应在早晨有露水时喷施,液剂应在露水干后喷施,切忌雨前喷药。

6. 捕捞

一般在当年 10 月底,降温之前用笼捕形式进行捕捞,达到商品规格择机上市,未达规格放至囤养池暂养,第二年再行养殖。

第五节 病害防治

一、气泡病

(一)症状

因水中溶解氧不足、溶解氧过饱或其他气体含量过多引起。症状为泥鳅浮于水面,肚皮鼓起似气泡。

(二)防治方法

加强日常管理,防止水质恶化,发病时,立即加注新水,并每亩用食盐 4~6 kg 化水后全池泼洒。

二、车轮虫病

(一)症状

病泥鳅身体瘦弱,常浮于水面,急促不安,或在水面打转,体表黏液增多,镜检有车轮虫。

(二)防治方法

0.7 mg/kg 硫酸铜和硫酸亚铁合剂(5∶2)全池泼洒。

三、赤鳍病

(一)症状

由短杆菌感染所致。有病泥鳅的鳍、腹部、皮肤及肛门周围充血、溃烂，尾鳍、胸鳍发红，腐烂。

(二)防治方法

用 1 mg/kg 漂白粉全池泼洒，并按 0.3%比例拌入氟苯尼考，投喂 5～7 d。

四、水霉病

(一)症状

该病菌的早期不易被发现，当肉眼能发现时，菌丝已侵入泥鳅伤口，并向外长出外菌丝，簇拥成棉絮状，俗称“毛霉病”或“白毛病”。因为霉菌能分泌大量蛋白分解酶，可将病鳅肌体组织降解而分泌出大量黏液，加重病情，使之食欲大减，衰弱而死。由于水霉菌对温度的适应范围宽，即 5～26℃均能生长繁殖，其最适繁殖水温是 13～18℃，常在春、秋季节或冬季繁殖，只要鱼类皮肤有创伤即可被感染。

(二)防治方法

2%食盐水和 1%小苏打合剂全池泼洒。

五、打印病

(一)症状

病泥鳅身体上病灶浮肿，呈椭圆或圆形，红色患部主要在尾柄两侧，似打上印章。7—9 月为主要流行季节。

(二)防治方法

用漂白粉化水，全池泼洒，使池水浓度为 1 mg/kg。

六、出血病

(一)症状

病鳅眼眶四周、鳃盖、口腔和各种鳍条基部充血、肌肉呈点状充血,严重时体色发黑、眼球突出,全身肌肉充血。

(二)防治方法

用三氯异氰脲酸 1 mg/kg 全池泼洒,并用每千克饲料拌入 1 g 甲砜霉素,连喂 3~5 d。

七、发烧病

(一)症状

泥鳅焦躁不安,相互缠绕,皮肤和尾鳍失去光泽和黏液。

(二)防治方法

更换新水,在池中泼洒免疫促进剂、维生素 C、葡萄糖酸钙。

第六节 典型案例

嘉兴市的泥鳅养殖主要是从 2000 年以后开始,这中间有成功也有不少失败,随着高密度精养和种养结合技术成熟,涌现了不少成功案例,现将这些案例介绍给大家,供大家学习、参考。

一、稻鳅高效生态养殖模式

泥鳅肉质细嫩,肉味鲜美,营养丰富,其特殊的营养和保健功能被誉为“水中人参”。泥鳅具有生命力强、疾病少、底栖性、杂食性、耐低氧等生理学优势,与水稻共生相得益彰。同时,稻田养殖泥鳅养殖技术简单易行,设施投入较少,且能够有效减少稻田病害虫,降低农药使用,从而提高稻米产量和品质,生产出优质无公害稻米，此模式具有管理方便、投入少、产量高、见效快等特点。

（一）模式特点

该模式主要利用泥鳅的生理学特性，巧妙地将泥鳅与水稻结合在同一生态环境内，充分利用稻田与泥鳅的共生互利关系。在养殖过程中重点注重三防，即“防鸟、防病、防逃”三防措施。将整个田块全部架设围网，防止鸟类捕食泥鳅；在鱼沟中全部铺设进口底膜，防止泥鳅钻泥逃逸；投喂定时定点定量，以七分饱为宜，防止肠炎病暴发。泥鳅在稻田中还起到除草造肥、除虫、增加水体溶解氧等作用。此模式充分发挥了稻田生态系统最大负载力，使两者共同的生活基础和利害关系得到了更好的协调和发展。

（二）技术要点

1.稻田的选择

水源清新无污染，水量充沛，排灌方便，田埂坚实不漏水，面积2～10亩为一个区块，以能保持一定水位的较低洼稻田为好，黏性土质。

2.田间设施

（1）稻田翻耕前，在距离田埂内侧150 cm处，用挖机挖深150 cm、宽100 cm的环沟，沟呈“串”字形，中间留出一条宽250 cm、长250 cm的过道便于收割机及拖拉机进入，深宽沟的目的利于泥鳅夏季高温及冬季过冬安全。

（2）加高加宽田埂，沟外侧田埂高50 cm，底宽50 cm，顶宽40 cm，沟内侧田埂高30 cm，底宽20 cm，顶宽20 cm。

（3）外侧宽埂上放置水泥楼板及主要宽沟上架起过道楼板，便于日常作业。

3.防逃设施

（1）在田埂及沟里铺设希腊进口的利得膜做防逃设施，膜把沟及内外侧的田埂全部覆盖，达到防逃及防草的效果。

(2)进排水口采用密目铁丝网或尼龙网做成拦鱼栅，防止敌害生物进入及泥鳅逃逸。

(3)用 6 m 高的热镀锌钢管在田埂上打桩，地面剩余 250 cm 高度，同时上面用热镀锌钢丝经纬型把钢管全部拉挺，四周做好扳线，然后盖上天网，用网目为 13 cm 的渔网覆盖呈天网，四周用尼龙网 180 cm 高做侧网，埋入地下 30 cm，然后天网与地网用钢丝扎实连接，目的便于拖拉机和收割机的进入，同时防止鱼鹰、白鹭、夜鹭、蛇、老鼠等天敌的侵害。

4. 施肥与鳅种放养

插秧前重施底肥，每亩施鸡、羊粪、菜饼、牛粪、松泥搅拌的混底肥 250 kg，施肥后先在日光下晒 4～5 d，然后蓄水。单季稻田在每一次除草后放养，时间为 6 月上旬，泥鳅放养时间为 6 月下旬，规格为 3 cm，每千克为 600～800 尾，平均亩放 50 kg。

5. 投饲管理

(1)堆施有机肥　水稻插秧结束后，稻田每隔 15 d 追施鸡、羊粪、菜饼、牛粪、松泥搅拌的混底肥每亩 25 kg，直到 8 月底结束。

(2)投喂饲料　前期投饵按鳅体重的 1%～1.5%，中期投饵量体重的 3%，后期投饵量为鱼体重的 3%～5%。主要投喂植物性饵料，如麦麸、米糠等，也可直接投喂泥鳅专用饲料，有浮料和沉料两种。投饵一般在傍晚进行，一次投足，温度适宜日投喂可 2～3 次，阴雨天和气压低时应减少或不投饵料。

6. 日常管理

(1)水质管理　保持田中水质肥沃，适时加施追肥。苗种放养后，稻田水深度保持在 5 cm 以上，养殖中期正是高温季节，田水深度应保持在 10 cm 以上。养殖期间无须换水，水位降低可适量加水，因为大换水会引起泥鳅的剧烈游动互相擦伤，从而伤口感染发病死亡。

(2)日常管理　坚持经常巡田，检查各项设施是否有损坏，特别在雨天要对进、排水孔及堤坝进行严格检查。在日常巡查中，如发现泥鳅浮头、受惊或日出后仍不下沉，应加注新水并做好消毒工作。

7. 捕捞

泥鳅具有钻土的习性，收获时捕捞比较困难。干塘捕捞是一种捕捞较彻底的方法，先将稻田水放干，让泥鳅集中到预留的集鱼坑或排水沟中，然后用手网捕捉。尚有少数泥鳅仍钻入池泥内，可逐块检查捕捉。时间为 10 月下旬，基本上回捕率可达 80%，其中 60%可达商品规格，40%可放至水泥池作为大规格鳅种培养。

（三）养殖实例

嘉兴市凤桥泥鳅养殖户俞德军，稻鳅种养面积 2 亩，种植超级稻“甬优 12 号”，鳅苗为自繁自育黄鳅，共放养 100 kg。种养过程全生态，不使用任何农药。水稻产量达 500 kg/亩，泥鳅产量（含大规格鳅种）150 kg/亩，扣除新增设施、苗种、饲料成本，同比亩增收 1 500 元。

二、茭田养鳅典型案例

（一）养殖户基本信息

桐乡市董家茭白专业合作社基地有茭白种植面积 220 亩，2013 年开展茭鳅养殖试验，取得了良好经济与生态效益。

（二）放养与收获情况

1. 放养情况

2013 年在设施改造后，计划亩放养 6～8 cm 鳅苗 20 kg，实际总放养 5 610 kg，22.44 万元；2014 年 9 月已补放鳅苗 6 万尾。

2.收获情况

至2014年10月，累计抓捕泥鳅11.3 t，实际销售额入账36.22万元，捕捞率约占50%，预计总产值可达65万元。

(三)效益分析

1.经济效益

项目示范基地220亩，在保证茭白产量的前提下，2014年已抓捕泥鳅11.3 t，销售额36.22万元，由于泥鳅苗投放时间不同导致泥鳅长势存在差异并未全部抓捕完，剩余存塘量约占总产量的50%，所以预计总产值可达65万元；今年夏季茭每亩平均2 435.5 kg，亩产值6 332元，秋茭刚上市，预计平均亩产量1 250 kg，亩产值3 750元，所以秋夏两季茭白合计亩产量预计为3 685.5 kg。综上所述，三项合计亩产值13 082元。

养殖区茭白产量与非养殖区相同，但养殖区茭白已认证为绿色食品，销售价格比其他高0.4元/kg，每亩实际增效1 474元，扣除物化成本每亩4 735元，年每亩收益9 821元，合作社示范区内合计收益216万元。

2.社会效益

(1)茭田套养泥鳅能确保种粮面积的稳定，达到一田二用、一水二用的目的。本项目中，220亩泥鳅套养面积与15亩池塘专养面积产量相当，间接节省粮田15亩，增加农田面积0.7%，节水22 500 m^3。

(2)合作社社员和种茭大户到基地参观后一致好评，示范效果明显。2014年茭农纷纷要求进行套养，为较大面积茭田养鳅的推广提供了可借鉴的实用新技术，现已辐射实施面积3 982.3亩。

(3)茭鳅共生，为市场提供了优质的茭白和安全的泥鳅。通过实践，不仅茭白产量没有下降，而且产品质量得到保障，同时增加了营养丰富的水产品，提高茭农种茭的积极性。

(四)示范基地管理要点

1. 确定品种密度

泥鳅种苗由桐乡市恒盛泥鳅养殖专业合作社提供的粉鳅苗，因去年放苗时间偏晚，今年下半年补放 100 kg 约 6 万尾，茭白品种为自繁自育、高产优质、植株紧凑的龙茭 2 号，种植密度为 110 cm×60 cm。

2. 严格施肥用药

原则上是以有机肥为主，以培肥地力为基础。化肥每亩使用量不超过 8 kg，以多次少量方式(表 9-1)。农药选择高效低毒，等露水干后喷细雾减少药液落入田中，施药前上深水，加深田中沟施药，减轻对鳅的伤害。

表 9-1　茭田施肥用药记载表

时间	类型	品种	数量
2013 年 7 月 25 日	用肥	商品有机肥	750 kg/亩
2013 年 8 月 5 日	用肥	15-15-15 硫酸钾复合肥	7.5 kg/亩
2013 年 8 月 18 日	用肥	15-15-15 硫酸钾复合肥	7.5 kg/亩
2013 年 9 月 1 日	用肥	15-15-15 硫酸钾复合肥	7.5 kg/亩
2013 年 7 月 28 日	施药	10%吡虫啉	40 g/亩
		康宽	3 包/亩
2013 年 9 月 12 日	施药	10%吡虫啉	40 g/亩
		70%代森锰锌	175 g/亩
2013 年 10 月 11 日	施药	10%吡虫啉	40 g/亩
		70%代森锰锌	175 g/亩
2014 年 3 月 8 日	用肥	商品有机肥	750 kg/亩
2014 年 4 月 15 日	用肥	15-15-15 硫酸钾复合肥	7.5 kg/亩
2014 年 5 月 7 日	施药	康宽	3 包/亩

3. 适时适量投饲

茭白田微生物较多，较少投饲用鱼用膨化饲料，蛋白含量为34%。每块田设两只食台，泥鳅苗放养后投少量的饲料，1周后根据泥鳅吃食的情况投饲，如食台吃干净增加投饲量，食台剩料多少投或不投饲。1个月后每月测泥鳅生长量来决定投饲量，茭白田水土较肥，微生物充足所以投饲量较少，2013年7—8月总投饲量995 kg，平均每亩投饲4.5 kg，2014年5—6月总投饲量1 265 kg，平均每亩投饲5.75 kg，整个生长过程总投饲量2 260 kg。

第十章

锦鲤养殖技术

第一节　生物学特性

一、学名

锦鲤养殖彩图

锦鲤，辐鳍鱼纲鲤形目鲤科。锦鲤的祖先就是我们常见的食用鲤。鲤鱼的原产地为中亚细亚，后传入中国，在中国宫廷技师的培育下改良为锦鲤，也是仿照金鱼、锦鲫的改良体系进行的，后在日本发扬光大。早期的锦鲤被称为“色鲤”、“花鲤”、“模样鲤”、“变种鲤”等，因“色”“花”等字眼被日本人认为含义过于暧昧、软弱，在第二次世界大战期间不适合时局，因此才改称为“锦鲤”。我国称为“日本锦鲤”。

二、形态特征

锦鲤身体呈纺锤形，分成头部、躯干部和尾部 3 部分。头部前端有口，口缘无齿，但有发达的咽喉齿。头中部两侧有眼，眼前上方有鼻，眼的后下方两侧有鳃。颜色有红、白、黄、黑、金、蓝、紫等色彩。锦鲤各种各样的色彩是由埋藏于表皮下面的组织之间及鳞片下面的色素细胞收缩与扩散的结果。该种细胞含有四种色素：黑色素、黄色素、红色素和白色素。色素细胞的收缩和扩散与感觉器官及神经系统均有关联，对光线尤其敏感，因而使锦鲤表现出了艳丽夺目的色彩和斑纹，是大型高贵的观赏鱼类。

锦鲤体格健美、色彩艳丽、花纹多变、泳姿雄然，具极高的观赏和饲养价值。锦鲤个体较大，其体长可达 1～1.5 m，重 10 kg 以上。

鱼体覆盖鳞片，鳞片是由真皮细胞分化而成的，鳞片具有保护作用。一旦鳞片脱落还能再生，但是再生的鳞片会出现乱鳞的现象。鳞片像锯断的树干一样具有年轮，据此可以推算锦鲤的年龄。

锦鲤鱼体两侧中央各有一条纵点线从头一直延伸至尾部，称为侧线，是鱼的感觉器官。侧线器官可以感觉到水流、表面波和近场声波三种机械刺激，它可以准确测出昆虫落入水中的方位。它感受到的音域比人类高 9 倍。同时侧线器官还有保持身体平衡的作用。一尾锦鲤如果失去了平衡，那么其他条件再好也失去了观赏价值。

锦鲤无胃，食管直通肠部，因而也自然没有胃蛋白酶，消化率很低，因此人工饲料的原料，应粉碎成极细的粉末然后再制粒。肝脏与胰脏合在一起称为肝胰脏。鳔在体腔的背部，分为前后二室。心脏包在心囊内，由一心房与一心室组成，另附有一动脉球。臀鳍基部前端有排泄孔与生殖孔，分别连通直肠、尿道与生殖腺，精子、卵子在生殖巢中形成。日本锦鲤牙齿数目很少，成 1～3 排横列在下咽骨，其嘴巴周围只有 1 对靠近下颚的骨头，而且均无脂鳍，具有两对胡须。其表皮含有类似味蕾的感觉细胞，使日本锦鲤可以辨别味道，进而在泥中索食；嘴缘无齿，但有发达的咽喉齿，可以咀嚼食物。舌头后面有5对鳃弧，最外侧的鳃弧就是所谓的鳃，可以从水中滤取浮游生物。

鳃弧前面为具有气体交换作用的4对红色鳃瓣，鳃瓣上布满无数的微血管，舌头后连着食道；日本锦鲤没有胃，食道是直通肠的，其长度约为身长的5倍而卷曲在腹腔内。接近食道的部分稍粗，内有类似胃腺的消化液分泌腺。有肝脏、胰脏和深绿色的胆囊。

鳔位于体腔的背部，分为前后二室，经一小骨与内耳联络，而心脏则是被子包在心囊内，由一心房及一心室所组成，另有一个动脉球。

臀鳍基部前端有总排出孔，连接直肠、尿道及生殖腺。精子或卵子则在性腺中发育成熟。

第二节　养殖概况

一、发展历史

鲤鱼的原产地为位居中亚的波斯，后经中国、朝鲜传入日本。在日本被改良为观赏用的日本锦鲤，因此日本锦鲤可说是纯日本的艺术品。锦鲤的祖先就是我们常见的食用鲤，也就是说在日本成就了现代的观赏锦鲤。日本锦鲤的起源地为日本新泻县中区附近的山古志村、鱼沼村等20村乡，已成为小千谷市的一部分。每年10—12月，来自世界各地的锦鲤爱好者聚集此地，一为选购自己喜爱的锦鲤，二来瞻仰闻名于世的“锦鲤发祥地”。锦鲤自古就被中国人视为吉祥之物，旧时通常被饲养于寺院、庙社的池塘中，寓意吉祥富泰。18世纪作为日本皇太子后的礼物，而得以在日本传播到世界各地。

“华贵锦鲤，风水之宝”风水之说，自古有之。古人认为：好的风水是藏风蓄气得水，以得水为上。气总处于流通之中，很容易被风吹散而打破循环平衡，但遇到水便会停下来，因此水可以起到使气运流通平稳、循环往复的功效，也就是可以留住风水。而水中有吉物，更可以调整气运流通的缓急，保得风水之地灵气不散。

锦鲤背高体阔，身形俊秀，柔中带刚；性格雄健沉稳，具有临危不乱、泰然自若的君子风度，自古就被看作是龙的化身。锦鲤长寿，平均年龄达70岁，其中最长寿者有超过200年的记录。因为寿命长，又有“祝鱼”的吉称。更为奇特的是，锦鲤还有识人的灵性。当主人巡视池边的时候，它们常会跟在身后，将头部露出水面，就像在水中行走一般，颇为神奇。锦鲤于水中不仅仪态万方，还能荡垢净水，真正是集天地灵气于一身，载水之华贵为一体的风水至宝。

在日本锦鲤被奉为“神鱼”、“国鱼”，原因是取其吉祥、平和、长寿之意。而锦鲤就算是被置于砧板之上也不会挣扎，依然具有临危不惧的风度，符合了日本武士道的精神，因而颇受追捧。“锦鲤”被作为皇家王室贵族和达官显赫等的观赏鱼。以“红白”(图10-1)、“大正三色”(图10-2、图10-3)、“昭和三色”(图10-4、图10-5)为最具代表性的品种，俗称“御三家”。日本还成立了“爱鲤会”，每年在东京举行全国性展览会，邀请“爱鲤会”国内外成员选送自己饲养的锦鲤参加比赛，届时数千条身材匀称、色泽艳丽、千姿百态的锦鲤会展示在观众面前。比赛分19个项目和级别，得到名次的品种则立即身价倍增。

图 10-1　红白

图 10-2　大正三色 1

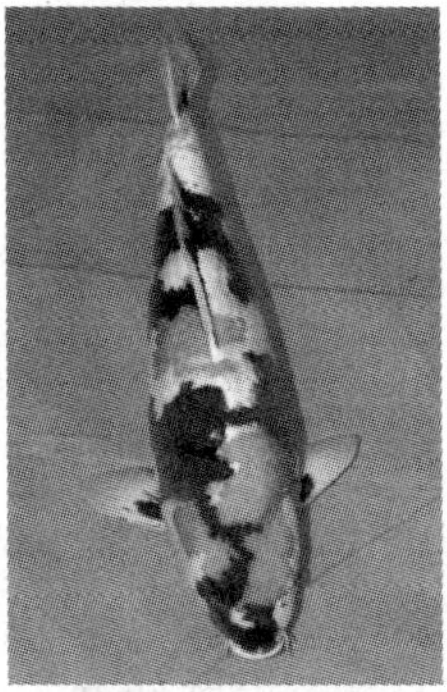

图 10-3　大正三色 2

图 10-4　昭和三色 1

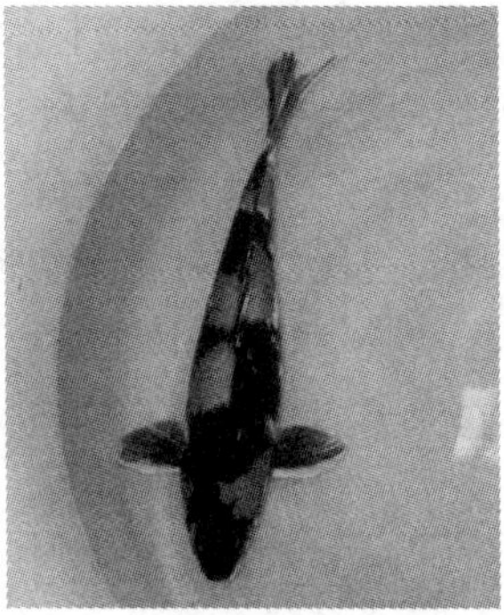

图 10-5　昭和三色 2

二、品系品种

锦鲤共分为九大品系，百余品种。根据色彩、斑纹及鳞片的分布情况，主要分为13个品种类型。日本锦鲤的主要种类为：红白、大正三色、昭和三色、白写（图10-6、图10-7）。红白锦鲤皮肤鳞片细滑、红色斑纹油润鲜艳、白质细嫩洁白。大正三色生长速度快、体色鲜艳、切边整齐、色斑浓厚。昭和三色墨色浓厚、红白斑分布匀称、体型粗大，极具力的美感。白写墨色淡雅，有中国水彩画的韵味，近年来也十分受中国人喜欢，渐成锦鲤市场的主流。

图 10-6 白写

图 10-7 锦鲤白写

其他如黄金鲤、德国鲤、绯鲤及其他变种鲤都可称为锦鲤。锦鲤的种类中有“德国红白”、“德国三色”、“秋翠”、“菊水”等德国系统的锦鲤，因此常被人误解德国也生产观赏用的锦鲤。其实德国鲤只供食用，仅有少数被改良成少鳞或无鳞的鲤鱼，其原种为黑色。日本人将此种德国鲤与日本锦鲤交配而产生德国种的观赏鲤，所以德国种锦鲤也是日本人的杰作。

三、养殖习性

日本锦鲤和金鱼一样对水温、水质的要求并不严格，日本锦鲤生活的水温为2～30℃。大致来说，锦鲤属于温带性鱼类，适宜的温度为8～30℃。它对环境的适应力强，却有不能抵抗水温急骤变化的弱点，如长期人工饲养，水温升降2～3℃时尚能忍受，若幅度超过2～3℃时，鱼容易生病，温度升降幅度加大到7～8℃时，鱼匍匐于水底不食不动，若温度突变幅度再增大，日本锦鲤甚至会立即死亡，日本锦鲤最适生活的水温是20～25℃，在这种温度的水中，日本锦鲤游动活跃，食欲旺盛，体质健壮，色彩鲜艳。由于科学的发展，在有条件的爱好者家中如能利用保温器和冷温器分别在冬季及夏季调节水温，控制到最适宜日本锦鲤生长的水温，使鱼能有舒适环境而生长迅速。锦鲤是杂食性鱼类，植物碎片、红虫、蚯蚓、面包虫、蚕蛹、米饭、面包、水果均可作为食物。一般以植物性饲料占六成、动物性饵料占四成的比例最为恰当。

日本锦鲤在水中生活依靠鳃吸收溶于水中的氧，将氧送到鱼体中和吸收的食物营养成分化合而产生能量以维持生命，所以水中是否有充足的氧是养好鱼的关键，根据研究的结果，日本锦鲤每千克体重每小时所需的氧量在水温5～6℃时为35 mg/L，由此证明水温越高，耗氧量越大。

日本锦鲤还适于生活在微碱性，硬度低的水质环境中。日本锦鲤是杂食性，一般软体动物、高等水生植物碎片、底栖动物以至细小的藻类都是它的食物。由于日本锦鲤对食料适应的范围广，以及对其他生活条件的要求也不十分严格，所以生活力较强。随着鱼体生长的变化和季节的不同，摄食情况也随着变化。夏季日本锦鲤的摄食强度最大，到冬季则几乎完全不进食。刚孵出的仔鱼，食物大体是轮虫和小型枝角类；3 cm 以上的幼鱼，则以底栖生物，昆虫幼虫、贝蚧、螺蛳和水生高等植物碎片等为食。日本锦鲤除了能将饲料吞咽之外，还能从池塘底泥中析取食物。日本锦鲤上下颚无齿，而常以发达的咽喉齿咀嚼坚硬的食物。

第三节 养殖模式

一、池塘要求

池塘最好选择腐殖质土壤，地形背风向阳，水中植草。池塘面积 0.33～0.66 hm^2 为宜，水深 2 m 以上，保证成鱼能够有足够的成长空间。水质要求高，水中需多种矿物质元素和其他成分，能增加鱼体色素，使日本锦鲤体色更加鲜艳美丽。需配备增氧设备保证溶氧充足。

池塘清理时要排干池水，修整塘埂，清除池底杂草、杂物和过多淤泥，翻耕并暴晒池底。清塘消毒的药物有生石灰、漂白粉、茶籽饼等，但最好是生石灰。一般清淤整池后，放种前30 d 左右，每 667 m^2 用生石灰 150～200 kg 进行清塘消毒，杀灭病菌、虫卵等。清塘消毒后，待池水产生浮游生物后，表明药性已消失，则可放养种苗。

二、选苗放苗

鱼苗放养前进行第一次筛选，将劣质的仔鱼淘汰，留下优秀的，鱼苗筛选3～4次(图10-8)，品种不同筛选方法也不同，详见表10-1。

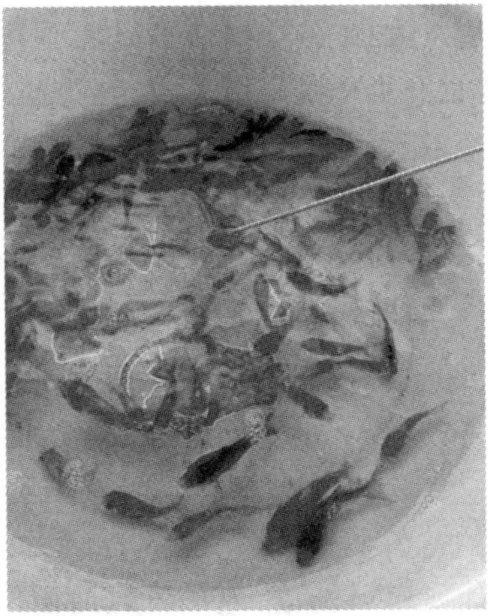

图10-8 选苗

表10-1 锦鲤筛选时间表

次数	红白	大正三色	昭和三色
第一次(孵化后天数)	50	50	5
第二次(孵化后天数)	80	80	50
第三次(孵化后天数)	110	110	70

(一)红白的筛选

首先要选头部大斑纹的，在小鱼的头部要看到红斑的边缘，同时露出嘴白，在嘴后有断裂斑纹的最好。红斑不要覆盖眼睛，要看到两眼。其次选肩裂，头骨后红斑要有裂开，哪怕是非常少的细微断裂，否则长大就不会是一尾优质的红白。

(二)大正三色的筛选

首先选嘴端露白色，身上红斑分布较好，整体墨斑分布均匀。背部墨斑下隐约可见红斑最好。第一次筛选把墨多的留下，第二次把墨斑刚好合适的留下，在墨斑多但能隐约看到红斑者也留下。

(三)昭和的筛选

鱼苗出生 3～15 d 内，进行第一次筛选，由于红白苗长得比较快，昭和黑苗长得慢且比较弱，出现率也低，所以第一次筛选越早越好。将黑色的小苗选出，白色和橙黄色的苗淘汰，放养密度要小一些，是红白苗的一半就可以，饵料投喂要充足，保证其快速成长。第二次筛选要 50 d，体色深，黑斑下有深橙色的留下。

总之选择鱼苗 3～5 cm，体型饱满、白质纯正，切边整齐，种质纯正。待稚鱼长至 5～10 cm，进行第 2 次、3 次筛选，留骨骼齐正，头部粗壮圆润，体型粗壮，背鳍胸鳍白底纯的幼鱼。最后选出的鱼苗占总量的 2%左右。放养时间为每年 5—6 月。放养时水温温差不宜大于 2℃。放养密度不宜太大，一般 0.33～0.4 hm^2 鱼塘，可放养 15 万尾左右鱼苗。庭院、宾馆水泥池饲养，水深以 0.6～0.8 m 为宜。每平方米可放养 3～5 尾日本锦鲤。大面积土池养殖，放养密度以 1～3 尾/m^2 为宜，可适当搭配草、鲢、鳙等进行混养。

三、饲料投喂

刚出生的仔鱼不吃食，等到它吸收完卵黄囊内的营养物质后，才开口吃食轮虫或草履虫，也可适当加豆浆或牛奶。1 周后可喂食煮熟的鸡蛋黄或丰年虫，注意要少食多餐，调节好水质。也可以将人工饵料捻成细小的颗粒喂食，随着鱼苗的长大，逐渐加大饵料颗粒的大小。为了让锦鲤色泽鲜艳，体魄健壮，还可以在饵料中添加螺旋藻，增加营养成分和着色度。日本锦鲤是杂食性鱼类，动物性、植物性饵料都可喂养。可用投饵机投喂，投喂采取“四定”，一般每天投喂分早晚两次，早上在日出后，下午在日落前，日投喂量为鱼体重的 1%～5%，以 20～30 min 吃完为好，投喂饵料种类应多种多样。同时要求饵料无污染、无腐败变质。

四、日常管理

要加强日常巡查，用作观赏的日本锦鲤养殖池应保持清洁、干净，以免影响观赏效果，定期加注新水或采用微流水养殖。水族箱饲养则注意换水与兑水，保持水质新鲜及适宜的水位。池塘饲养要求水质达到“肥”、“活”、“嫩”、“爽”，以利日本锦鲤生长。在高温阴雨天气要注意给池塘增氧，定期开增氧机，防止泛池的发生。要定期注水，保持水位。保持一定的水深也是保证锦鲤健康生长的一项重要措施。夏季由于池水受太阳光照射而不断蒸发，水位会逐渐下降，因此在饲养中要不断加注新水，保持合适的水位；冬季也要经常补充新水，保持较深的水位，便于锦鲤的安全越冬。由于日本锦鲤品种比较名贵，所以要做好必要的防盗工作。

第四节　病害防治

一、肤霉病

（一）症状

鱼体上长了一层“白毛”，如果不及时治疗，当病菌侵入体内时，鱼就会逐渐衰弱死亡。当寄生在鳃部时就形成鳃霉病，常引起暴发性死亡。

(二)病因

肤霉病是一种丝状菌(水霉、绵霉)所引起的,多半发生在鱼数很多的水池或浑浊的死水中,如鱼体瘦弱或有外伤时更易感染,病变处长大量棉絮状菌丝,故又称白毛病。

锦鲤患肤霉病的原因,主要是捕捉、搬运时操作不小心,擦伤皮肤,或因寄生虫破坏鳃和体表,或因水温过低冻伤皮肤,以致水霉的孢子侵入伤口而感染。当水温适宜时(15～25℃),3～5 d 就长成密集的菌丝体,感染数量很多时会导致病鱼的死亡。水霉全年都存在,秋末早春是流行季节。从鱼卵到各龄鱼都可感染,当孵化水温低时,在鱼卵上极易发生水霉病。

(三)治疗

用 1.5%～2.5%食盐水洗净,除去毛状物,然后涂上 2%红药水,再以鱼用土霉素药浴。再用 10 g/667 m^2 水杨酸兑水全池泼洒。

(四)预防

拉网、捕捞、运输和放养鱼种时,操作要细致,不能让鱼体受伤。

二、睡眠病

(一)症状

各鳍萎缩,对着水流无力摆动,像是睡着了一样。严重时锦鲤漂在水面上、体色暗淡、身体瘦弱。

(二)病原及感染原因

由于操作不当或环境不适而引起。

(三)防治方法

(1)降低饲养密度,使水体溶解氧维持在 5 mg/L 左右,加强饲养管理,升高水温,多投喂红虫、虾肉等蛋白质含量高的饵料,以增加鱼体抵抗力。

(2)在原水族箱(鱼池)中用 2 mg/kg 亚甲蓝溶液浸泡病鱼,直到病情好转。

三、斜管虫病

(一)症状

常见鱼体表面、腮部混合寄生虫,体表充血,重症时有黏液白浊。鱼食欲减退,接近睡眠浮游,渐渐停滞不动。

(二)病原及感染原因

由于纤毛虫类斜管虫寄生鱼体、腮和胸部。

(三)防治方法

用高锰酸钾或 2% 食盐水驱虫。基本用法是成阶段用浓度 2 mg/kg 高锰酸钾药浴 1 h,隔 2 d 一次,重复 3 次以上。若发现缺氧浮头要终止治疗。食盐水也同样,但是药浴时间为 10～20 min。

四、赤皮病(出血性腐败病)

(一)症状

病鱼皮肤局部或大部发炎充血,背鳍、尾鳍等鳍条基部充血,鳍条末端腐烂,口腔和肌肉正常。病鱼鳞片脱落(和皮肤发炎充血病的区别),特别是鱼体两侧及腹部最明显。

(二)病因

赤皮病由荧光极毛杆菌(*Pseudomonas fluoresens*)引起,鱼体受伤,易患此病。春季和秋季是流行季节,可引起鱼类大量死亡。此病与水质有密切关系,溶氧量低、有机质含量高时易发生此病。

(三)防治方法

与皮肤发炎充血病相同。

五、肠炎病

(一)症状

肛门红肿,肠管充血发炎,严重时鳍基充血,腹部出现红斑,剖腹时有腹水流出,整条肠呈红色或紫色。

(二)病因

由点状产气单孢杆菌引起。

(三)防治方法

用漂白粉 1 mg/kg 全池遍洒。

每公顷水深 1 m,用生石灰 225～375 kg 全池遍洒。

每 10 kg 鱼用磺胺脒 1 g,做成药饵投喂。

每 10 kg 鱼用大蒜 50 g,做成药饵投喂,每天一次,连续 3 d。

每 10 kg 鱼用干地锦草 50 g,做成药饵投喂,每天一次,连续 3 d。

第十一章

白玉蜗牛养殖技术

白玉蜗牛(图 11-1)是一种褐云玛瑙螺,经过几代人繁育、筛选培育出来的陆生贝壳类软体动物,含丰富的蛋白质和人体必需的氨基酸,与鱼翅、干贝、鲍鱼并列成为世界四大名菜,同时还具有较高的药用价值。

白玉蜗牛养殖彩图

我国对蜗牛的观察和利用起始很早,17 世纪中国明代的李时珍《本草纲目》中已详细记述过蜗牛的形态及

图 11-1　白玉蜗牛

药用价值。近代也有不少科学家对蜗牛的研究做出过贡献，例如，科学家阎敦建在 1936 年的研究，记述了陆生蜗牛有 13 种类。1963 年中国科学院动物研究所陈德牛对中国蜗牛的种类区域分布做了调查研究，出版《蜗牛及其利用》。1984 年福建漳州叶阿彬研究所，通过多年选育培育成功白肉蜗牛，1985 年 7 月 14 日人民日报海外版以“叶阿彬培育成白肉蜗牛”为题，向世界发出报道。

第一节 生物学特性

白玉蜗牛（*Achatina fulica* subsp.）属软体动物门腹足纲，其头、颈、足的肌肉雪白如玉，故名，又称褐云玛瑙螺、花螺等，属雌雄同体的软体动物，是陆生贝壳类中个体最大的蜗牛。原产于法国，主要分布于我国台湾、福建、广东、广西、海南、云南等（省、自治区）。国外分布于印度洋、太平洋诸岛及东南亚、南亚一带。

一、外部形态

蜗牛的贝壳呈螺旋形，对身体起保护作用，可分为螺旋部和体螺层，螺旋部由许多螺层组成，是蜗牛的内脏部位，体螺层是贝壳最膨胀的一层，是蜗牛容纳头和足的部位。

蜗牛活动时，它的足呈舌态状，蜗牛遇上恶劣环境或敌害攻击，能将身体缩进壳内，外形像一只螺。

蜗牛的身体几乎全部是肌肉，没有骨骼，躯体下有一块富具弹性的肌肉最为发达，其他部位由小块肌肉组成，依靠肌肉的不断伸缩来移动。

二、内部构造

(一)头部

蜗牛的头部发达且长,位于身体前端,呈圆筒状。头部前端有二对触角,由于肌肉的牵动,可以伸缩自由,下面一对短,称小触角,上面一对长,顶端有一只眼,称眼触角,又称大触角。前端腹面是口,口的左右两侧各有一唇瓣,这些构造都是重要感觉器官。生殖器位于头部前的右侧,右眼触角基部下面。

(二)足部

爬行时呈舌态形状,前窄后宽,足还能分泌黏液,分泌黏液以湿润皮肤,以减轻机械损伤,有助于爬行。

(三)气门

气门也叫呼吸孔门、排气孔门、排泄孔门,位于足上端连壳的地方,当蜗牛头缩进壳内,这个孔门就露出在外面。

(四)消化系统

由口腔、咽喉、食道、嗉囊、胃、肠、肛门所组成。蜗牛的口腔腹面,有一条齿舌,舌上分布着许多像木锉一样的小牙齿,排成100多行,以此来锉碎食物,锉碎的食物通过咽喉进入嗉囊,蜗牛的嗉囊膨大,它能容纳2 d的食物,咽喉能分泌黏液以湿润食物起分解作用,然后进入胃,胃壁肌很厚,经过胃的消化,然后进入肠道,肠道还能分泌多种酶结存在肠道,残渣通过直肠、肛门排出。

(五)呼吸系统

蜗牛陆生之后,鳃已完全退化消失,蜗牛的呼吸系统不健全,它靠外套腔壁上的肺血管的伸缩代替肺的呼吸。

(六)血液系统

由心脏、肝脏、血管、动脉所组成。心脏是蜗牛循环系统中枢,从心管分出2支动脉,一支叫头动脉,另一支叫内脏动脉,蜗牛的静脉很不发达,属于微静脉,肝脏位于尾部。

(七)排泄系统

蜗牛的肾脏不成对,淡黄色,位于心腔旁、尾部,肾脏腔由许多褶襞充填,有许多血管在褶襞中通过,肾脏从这些血管中排出应排泄的物质,肾脏的外输管在肛门边。

(八)神经系统

蜗牛的神经系统都集中在头部,神经节集中在口球附近,神经节的上部位于肠道的上部,由一对脑神经所组成,神经节的下部位于肠的下部,由4对紧密结合在一起的神经节,其中一对足神经、一对侧神经、一对壁神经、一对躯干神经,周边神经是由中枢神经分出。

(九)感觉器官

蜗牛的感觉器官分为触觉器官、嗅觉器官、平衡器官、视觉器官。眼位于大触角顶端,眼腔球晶体状,眼囊壁透明,眼底的视觉神经具有嗅检器,蜗牛的身体表面皮肤非常敏感,具有许多特别化的器官。

(十)生殖系统

蜗牛为雌雄同体异体交配的动物,具有雌雄两种生殖器官,每个蜗牛均能相互交配,产卵繁殖后代。生殖系统是非常复杂的。生殖孔位于大触角右后边,性成熟的个体发情时,生殖孔四周分泌大量的黏液,呈乳白色,蜗牛成对交配,交配时把精子送入对方阴道中。

三、生活习性

(一)生活习性

1. 喜土

白玉蜗牛喜欢钻入土中栖息，在土壤中吸取有益它生长的微量元素，调节体内水分和温湿度，而且产卵也是在土中进行。

2. 怕光

白玉蜗牛怕强光，最怕阳光直射，但也不能在完全黑暗中生活。适宜光照强度 10～20 lx，适当的光线照射才能刺激和促进性腺发育和成熟。以红色光线为最佳，一般 50 m^2 一座温室，装上一只 25 W 红色灯即可。

3. 温湿度要求高

白玉蜗牛喜欢在阴暗潮湿、疏松多腐殖质的环境中生活，昼伏夜出。对环境极为敏感，若生活环境土壤过于干燥，幼蜗牛会相互残食来补充水分，成年蜗牛会分泌黏液形成膜把壳封住进入不规则的休眠。生活环境过湿，在室外如水涝，它们会被淹死。在温室内它们都会栖息在饲养床、饲养箱的壁上。最适温度 25～28℃，空气相对湿度 80%～90%，饲养箱与饲养床的营养土湿度控制在 35%～40%。

4. 休眠性

白玉蜗牛无自主体温调节功能，当温度低于 15℃，高于 35℃时休眠，停止生长和繁殖，降至 5℃以下会被冻死。

(二)食性

白玉蜗牛属于杂食偏植物性动物，但不吃青草、杂草，拒食有刺激性味道的葱、韭、蒜。因此人工喂养蜗牛饲料应合理搭配，青饲料约占 80%，精粗饲料约占 20%。青饲料以苦荬菜(图 11-2)、白菜、青菜、莴苣等绿色植物和各种瓜果皮渣为主，精粗饲料以豆饼、菜籽饼、米糠、玉米、麦麸等为主，此外可添加些骨粉、蛋壳粉、贝壳粉等高钙饲料，以满足蜗牛生长的需要。蜗牛喜欢钙性食物，但是也怕强钙的刺激（新鲜的生石灰、草木灰），喜欢土壤中的微量元素，但是也怕土壤中的盐碱度过高、氨量过高、酸度过高，比较适宜的土壤 pH 为 7～7.5。

图 11-2 苦荬菜

（三）繁殖

白玉蜗牛雌雄同体但异体交配。条件适宜时一年四季均可繁殖。从出壳到性成熟一般需 5 个月，交配受精后 15～20 d 即可产卵，卵粒绿豆大小，外包一层白色发亮的膜，即卵壳。一年可产卵 3～5 次，8～15 d 可孵出幼蜗牛，幼蜗牛出壳后藏在土壤之中，二三天之后才能爬上孵化土表层。蜗牛的寿命一般 5～6 年。

第二节 养殖概况

一、白玉蜗牛的发展历史和生产现状

白玉蜗牛人工养殖在我国始于 20 世纪 60 年代初期，1984 年福建漳州叶阿彬研究所通过多年选育培育出白玉蜗牛。1987 年嘉兴市南湖区余新镇普光村高水珍等 3 户农民开始引种试养，

1990 年余新镇吕塘村(现属大桥镇)农民张贵明在前人经验的基础上,进行白玉蜗牛繁育试验,并取得了成功,他用大泥坯和尼龙纸(聚乙烯)建成饲养室,当年引进 200 只种白玉蜗牛,经过精心培育和繁殖,结果繁育出 20 000 只幼蜗牛,同时养成 500 kg 以上商品白玉蜗牛,获利 8 000 多元。从 1992 年开始,他的养殖室又成为浙江师范大学白玉蜗牛苗种繁育基地。同时,根据市场信息及反馈不断增加,白玉蜗牛的销路日益扩大,白玉蜗牛的养殖规模也逐渐增大,到 1995 年张贵明养殖白玉蜗牛的年收入超过 10 万元,成为浙江省白玉蜗牛人工养殖的创始人。在张贵明的带动下,南湖区白玉蜗牛的养殖得到迅速发展,到 1999 年全区已发展到 500 多户农户进行白玉蜗牛养殖,养殖面积达到 80 hm^2。2000 年养殖户沈福良创办了嘉兴余新福华白玉蜗牛开发公司,专门制作中文、英文、法文三个版本的网页,将南湖区的白玉蜗牛全方位地推向世界,以信息化带动了产业化,促使南湖区白玉蜗牛养殖进一步发展。2001 年全区蜗牛养殖面积发展到 98 hm^2,产品销售全国 20 多个省(市),部分出口国外,成了全国最大的白玉蜗牛养殖基地之一,同时余新镇被浙江省海洋与渔业局命名为“蜗牛之乡”的光荣称号。发展到 2004 年最高养殖面积达到 386 hm^2,2007 年最高养殖产量达到 4 184 t。2015 年,全区白玉蜗牛养殖面积 132 hm^2,年产量 3 000 t,是全国最大的白玉蜗牛养殖基地之一。但近几年由于土地资源约束加大,南湖区的蜗牛养殖业一直徘徊不前。

二、南湖区白玉蜗牛深加工提升状况

白玉蜗牛产业在快速发展的同时,出现了在蜗牛上市旺季鲜品一时销售困难、行情受市场制约波动很大、增产不增效等状况。同时,白玉蜗牛的贮藏一直是制约着白玉蜗牛正常供应和长期保存的重要因素。为了进一步提升白玉蜗牛产业层次,延长产业链，2003 年由沈福良组建嘉兴市潜福食品有限公司成功开发生产“白玉蜗牛冻肉”、“香辣蜗牛”、“法式蜗牛”、“法式焗蜗牛”、“精制蜗牛”、“蜗牛罐头”等系列蜗牛产品，这些产品营养丰富、口味独特、食用方便，深受消费者喜爱。目前已成功入驻必胜客、巴贝拉、萨莉亚等西式餐厅。蜗牛系列产品的成功开发，对进一步推进白玉蜗牛产业发展起到了重要的作用。并逐渐形成从养殖、加工、销售和研发一条龙的蜗牛产业链，南湖区白玉蜗牛养殖和加工无论规模还是技术走在了全国的前列，已成为南湖区的特色农产品。

三、白玉蜗牛市场发展前景

白玉蜗牛因其营养价值极为丰富而著称，它不仅是味道鲜美的美味佳肴，更是一种药膳珍品，经常食用可增加营养、增强耐力、提高身体素质，使皮肤保持细嫩健美，延缓衰老，益寿延年。随着食品科学的发展，蜗牛的开发和综合利用已经引起人们的重视和兴趣，已被广泛应用于餐饮、食品、医药、化工、美容等领域。

(1)白玉蜗牛综合利用价值很高，全身是宝　蜗牛肉是一种高蛋白、低脂肪、胆固醇趋向于零，含有 20 种氨基酸和人体有益酶的高级保健食品。据专家测定，蜗牛肉蛋白质的含量分别比鳖、猪肉、牛肉和鸡蛋高 1 个、10 个、3 个和 6 个百分点。而脂肪的含量分别仅为鳖 、猪肉、牛肉和鸡蛋的 1/18、1/272、1/92 和 1/70；蜗牛是餐桌上的高级食品，并在国际上四大名菜跃居榜首，国内蜗牛菜肴目前已经开发出十大系列共 2 000 多道菜。蜗牛作为医药保健原料，国内已开发出 22 种养生强身蜗牛深加工、精加工新产品。据李时珍《本草纲目》记载，蜗牛的肉和卵可治疗高血压、心脏病、糖尿病、口腔、肿毒、痢疾等 20 多种疾病。现代中医学认为，蜗牛性寒、味咸、清热解毒、消肿软坚，主治痔疮肿痛、喉肿、哮喘、脱水、小儿脐风、烂足、乙脑、风邪惊癫、白喉、流行性腮腺炎、高血压等症，还可止鼻血、通耳聋。从蜗牛黏液中能加工提制美容化妆品；从蜗牛消化腺中，可分离提取含有纤维酶、蛋白水解酶等 30 多种具有生物活性的蜗牛酶。蜗牛壳经过消毒加工，可制成精美的蜗牛餐具和工艺装饰品。此外，蜗牛还是很好的动物性净化剂、生物指示剂和“业余气象员”。因此，蜗牛是目前和今后综合利用价值较高的经济动物之一。

(2)白玉蜗牛对人工饲养的条件不高　我们地处亚热带，气候温和，雨量充沛，适宜白玉蜗牛养殖。室内饲养白玉蜗牛，在建造好饲养棚，制作好养殖架和养殖箱，配好养殖土的前提下，只需要掌握好温度、湿度、光照度和养殖土的疏松度就可以了。

(3)白玉蜗牛的饲料范围非常广泛易得，且价格低廉，以叶果为主，不与人争粮　其饲料 85%左右是青绿饲料和多汁饲料，5%的粗饲料，混合精饲料包括矿物质在内占 10%左右。青绿饲料除酸碱度高的青菜、带有刺激性食料外，几乎所有鲜嫩多汁植物都可作为白玉蜗牛的主饲料，糠麸和饼粕、矿物质(蛋壳粉、贝壳粉)、维生素添加剂等，经过按比例配制后，都可作为辅助饲料。

(4)蜗牛的国内外市场广阔　国际市场对蜗牛年需求量大约为 40 万 t，即鲜活蜗牛 200 万 t。从国际市场看，法国、巴西、美国、英国、加拿大、荷兰、西德、瑞士、瑞典、匈牙利、意大利、比利时、奥地利、日本、捷克斯洛伐克等国家都有喜食蜗牛的习惯。仅美国一年就需进口 30 亿美元蜗牛，而且市场价格也高。目前蜗牛养殖已得到政府及社会各界的重视和支持，有些省市已将蜗牛新技术、新产品开发列入省级星火计划和新产品计划。随着人们生活水平的提高和我国加入 WTO，和国际市场的接轨，国内外市场不断开拓，白玉蜗牛的需求越来越大。

(5)白玉蜗牛投资回报率高　蜗牛养殖投资低，一只商品蜗牛从孵化到出售 5 个月，仅需青饲料 2 kg 左右，精饲料 0.5 kg 左右。白玉蜗牛繁殖力强，一只种蜗牛一年就变成近千只，其中商品蜗牛可达 50 kg 以上，投资 3 000～5 000 元就能养殖，且当年就可以收回成本。一个劳动力养殖蜗牛一年的收入可达 3 万余元，还可转移一部分闲散的劳动力，比较适合家庭养殖。

此外，无公害有机农牧食品是国内外日益强烈的追求，而蜗牛的一生，以喜食青绿饲料和各种瓜果菜叶为主，从不使用各类添加剂，又远离化肥农药，整个养殖过程对环境无污染，属环保、节能、节约资源型产业，完全符合国家产业、技术政策，发展前景广阔。

总之，养殖白玉蜗牛是一项投资少、见效快、成本低、效益高、饲养简便、饲料广泛、繁殖率高、发病率低、无污染、易推广的特种经济动物项目，是振兴农村经济的突破口，是目前和今后最具开发价值、市场需求量大、经济前景广阔的新兴产业，也是当今科技致富、发展特色农业的理想选择。

第三节 养殖模式

白玉蜗牛最佳生长温度在 25～28℃，土壤湿度 35%～40%。所以人工饲养蜗牛室内和室外必须配套。室内以养殖种蜗牛和繁育幼蜗牛为主，室外以种植青饲料和生产商品蜗牛为主，但要做好防护措施，防止鸟类、爬行动物等天敌侵害。一般每亩产量 1 000 kg 左右，目前每千克成本 7～8 元，销售价格每千克 20 元，每亩净收益 1 万元以上。0.5 kg 商品蜗牛从孵化到出售仅需青饲料 2 kg 左右，精饲料 0.5 kg 左右。投资 3 000～5 000 元就能养殖，且当年就可以收回成本。

一、养殖前准备

(一)场地的选择

选择通风向阳、无污染的场所建场，进排水方便，无水涝地段。

(二)养殖室条件

饲养室(图 11-3)宜采用 3 cm 以上厚度的泡沫板和 1 mm 厚的塑料布(膜)进行保温、保湿。饲养室内搭建立体饲养池,饲养池以长 60 cm、宽 50 cm 为宜,一般分 7～8 层,每层高 20～25 cm。养殖用的木箱(图 11-4)宜用杨树、桐树等阔叶树制作,不能用松、柏等有刺激气味的木材制作。并保持最适宜温度在 25～28℃,保温的方法有用木屑、煤炉、地火龙、塑料大棚、坑道、暖气、空调等多种。

图 11-3　饲养室

图 11-4　饲养箱

(三)养殖土准备

选择无污染的潮湿肥沃的非盐碱性土壤，pH 7～7.5，在饲养箱箱底铺设 3～5 cm 养殖土，可用 0.1%高锰酸钾溶液、漂白粉溶液或石灰水将养殖室地面、墙壁、养殖架等一切用具喷洒消毒。

二、人工繁殖技术

(一)种蜗牛选择

选择野生或人工选育的非近亲成熟白玉蜗牛，并符合白玉蜗牛的分类特征，外形完整、无伤残、无畸变，外表褐云色彩鲜艳，贝壳色泽光洁，螺壳条纹清晰，肉色细嫩，行动敏捷，生长边宽带有乳白色，体重 30 g 以上，无病、待产的白玉蜗牛。

(二)放养密度和时间

每个饲养池放养 120 只为宜，放养时间以每年 4—5 月为宜。

(三)种蜗牛的饲养管理

1. 温度、湿度及光照度控制

温度控制在 25～28℃，空气相对湿度控制在 80%～90%，养殖土含水量控制在 35%～40%。每天保持 10 h 光照时间，光照强度 10～20 lx，即相当于日出前或黄昏后的光线。

2. 投饲

种蜗牛投饲营养成分必须全面，取粗蛋白、钙质含量高的品种，如骨肉粉、米糠、麸皮、苦荬菜、大白菜等。投喂时间宜在每天 17～18 时，饲料投放在箱中间，不能撒在蜗牛身上。日投喂量为蜗牛体重的 6%(图 11-5)。

(四)采卵与孵化

1. 采卵

采集蜗牛卵粒(图 11-6)与投喂食料和清除饲养箱内垃圾同

图 11-5　饲养蜗牛

图 11-6　蜗牛卵

时进行，每隔一天一次。方法是沿箱壁四周刨一圈，发现卵粒，用小汤匙将卵粒轻轻拿起，轻放在盛有养殖土的孵化箱里。卵粒不能用水擦洗和直接洒水，也不能将卵粒放在阳光下暴晒或火炉旁烘烤。

2. 孵化方法

饲养箱同时作为孵化箱。孵化基质宜采用离地面 20～30 cm 的深层土壤，经太阳暴晒 8 h 以上或紫外灯照射 30 min 以上后备用。将孵化箱放在无污染的清洁水中浸泡，让其充分吸足水分备用，再将孵化基质加水调配均匀至含水分30%左右，放入木箱内铺平，厚度以2～3 cm为宜。并将采收的每一团卵分别平铺在孵化基质上，卵粒与卵粒相依不得重叠，每箱2 000粒左右，再在上面盖一层2～3 mm（以盖没卵为标准）的孵化基质，用湿毛巾（挤干为止）覆盖于孵化基质上，并盖上箱盖。一般在8～15 d幼蜗牛出壳。

三、养殖技术

孵化出的幼蜗牛不得即刻移入饲养箱和投放饲料，须3 d后投饲，取新鲜嫩绿的苦荬菜嫩叶，摘菜心下第三、四叶片，用清水洗净，将菜叶切成两半，并添加5%蒸熟米糠加以投喂，每天傍晚投喂一次，1周后再翻箱。

（一）室内养殖技术

1. 放养密度

与蜗牛的月龄、养殖面积和气温有密切关系，一般幼蜗牛的饲养箱就是孵化箱，根据生长情况及时翻箱分箱，密度以蜗牛之间有一条1 cm左右的空缝为准。具体的放养密度参见表11-1。

表11-1 室内白玉蜗牛放养密度表

龄期/月	个体重/g	饲养箱规格/cm	放养数量/只	密度范围/（只/m^2）
1	0.4～0.8	50×35×18	850	4 000～5 000
2	3～5	50×35×18	350	1 200～2 000
3	7～9	50×55×18	170	800～1 000
4	12～15	60×45×22	160	400～600
5	20～25	60×45×22	80	240～300
6	30～35	60×45×22	35	120～140

2. 饲料投喂

日投喂量为蜗牛体重的5%。

3. 养殖土管理

养殖土须保持疏松、多腐殖质，并含有一定有机质。养殖土上的残饵和蜗牛粪便每天清除一次，同时要及时更换新土。

4. 越冬管理

当室外温度低于20℃时，将未达到商品规格的蜗牛移入室内保温饲养棚养殖。养殖室内温度必须控制在25～28℃。越冬养殖室内空气比较干燥，必须按湿度标准做好保湿工作，对地面、饲养箱内壁喷水时，须用温度和室温相仿的水。要坚持每天清除残饵、粪便，将地面打扫干净。越冬期间既要照顾蜗牛的偏食性，又要注意蜗牛的杂食性，不要长期投喂单一饲料，间隔一段时间调换一种蜗牛喜食的青饲料。精粗饲料做到多种原料混合配制。

(二)室外养殖技术

1. 室外养殖条件

将室外养殖地犁耙两遍，使土地疏松平整，筑成一畦一沟。畦一般2 m宽，畦内埋入有机肥，每667 m^2施2 000～3 000 kg。同时，在畦的周围种植苦荬菜、鸡毛菜及藤本作物等，以供蜗牛遮阳及保证青饲料供应。防逃方法可采用1 m宽的80目尼龙网或塑料纱网，在养殖场周围打上木桩作撑架，拦网高50 cm，底部掩埋10 cm，上面弯成“┐”形。

2. 放养时间和密度

当室外温度稳定在20℃以上时，可将室内的幼蜗牛放到室外大田养殖。室外一般每667 m^2放养2万～3万只为宜，规格应在5 g以上。同时，在畦面上覆盖稻草等遮阳物。图11-7为蜗牛露天摄食情景。

3. 饲料

室外饲养以种植的青饲料代替投饲，让蜗牛自己采食，如果

图 11-7 蜗牛露天摄食

种植的青饲料长势较差，必须投足青料，每天傍晚多点均匀撒喂，投饲量以蜗牛吃饱吃净、不吃光种植的高秆作物为度，并选择含钙丰富的精饲料混在青饲料中，每周添加一次。

（三）采收

经过 4～6 个月饲养，达到商品规格（30 g 以上）的白玉蜗牛即可采收上市。一般都采用人工捕获的方法。采收时要轻拿轻放，以避免弄破螺壳。

第四节 病害防治

白玉蜗牛是一种生命力很强的动物，一般很少生病，但在人工养殖的条件下，如管理不当，也容易导致多种疾病的发生，甚至大批死亡。在生产上应坚持“全面预防、积极治疗”的方针，贯彻“防重于治、防治结合”的原则，严格执行休药期，推广使用高效、低毒、低残留药物，并做好以下几种常见病虫害的防治工作。

一、常见病的防治方法

(一)缩壳病

缩壳病是蜗牛养殖过程中最常见的病。

1. 症状

蜗牛瘦弱,体螺层口已失去了发达的结缔组织所形成的柔软的裙边,蜗牛头常缩在壳内,活动力很差,进食量很少,喷水后才伸出头来,不想吃食,又缩回壳内,几天不吃食最终死亡,此病危害很大,死亡率很高。发现缩壳蜗牛,马上隔离饲养或埋掉,更换饲养土,同时针对性地用药治疗。

2. 防治方法

目前该病病原尚不确定,大致分细菌性和病毒性两种:

(1)细菌性的可用黄芩或大黄粉煎汁喷入饲料连喂 4～6 d,用量为每千克蜗牛用 2 g。

(2)死亡率最高的是病毒感染,可用鱼腥草与柴胡煎汁喷入饲料连喂 5 d,用量为每千克蜗牛 5 g。

(二)脱壳(破壳)病

1. 症状

蜗牛壳顶脱落,内脏暴露在外,贝壳脆薄,一触即破而死亡,常以 2～3 月龄的蜗牛多发。

2. 防治方法

隔离饲养,饲料内拌入强力霉素,每千克蜗牛每天 0.02 g,连续 1 周,同时在饲料中添加鱼粉、骨粉、蛋壳粉、贝壳粉、石粉等。改用池土养殖或用陈旧的石灰粉末撒于饲养土中。

(三)白点病

1. 症状

白点病又称溃疡或霉病,污秽的环境和外伤都会引发该病。

患病后，蜗牛腹足干瘪，足面上长出乳白色的黏膜层，严重时形成一层白色的溃疡面，伤口发臭。病蜗侧卧在饲养土上，缩壳，呈半死不活状。

2. 防治方法

轻者用 0.01%～0.02% 高锰酸钾溶液浸泡，每次 2 min，浸泡后再用清水冲洗，治疗几天即愈。严重者用土霉素拌入饲料连喂 3～5 d，用量为每千克蜗牛 10 mg。

(四)肠道病

1. 症状

蜗牛患病后，粪便呈褐色，稀且有腥味。表现为半休眠状态，4～5 d 后缩壳，半月后死亡。

2. 防治方法

一是室内饲养土要经常消毒，定期更换，保持清洁；二是要喂新鲜、干净、清洁的饲料；三是用土霉素拌入饲料连喂 3～5 d，用量为每千克蜗牛 10 mg。

二、虫害的防治方法

(一)蚤蝇、壁虱及其防治

可用 0.1%高锰酸钾溶液等将养殖室地面、墙壁、养殖架等一切用具喷洒两遍，并在阳光下暴晒，做到全面彻底的消毒。同时更换饲养土；但注意不要将药液直接喷洒在幼蜗牛身上。

(二)蚂蚁及其防治

蚂蚁主要危害卵粒和幼蜗牛。防治方法：土壤可经过高温消毒进行杀灭蚂蚁及蚂蚁卵，为了保证蜗牛生命安全，养殖时不要用任何有毒药物喷杀蚂蚁，只能对养殖土进行消毒或更换消过毒的新养殖土，同时在养殖室门外撒些樟脑丸等，可防蚂蚁进入室内。

(三)老鼠

老鼠是室外养殖的主要天敌,一只老鼠一夜可吃掉10多只蜗牛,吃剩蜗牛肉内脏被细菌感染,健康蜗牛爱吃蜗牛内脏,造成细菌感染发病,严重也会造成大批死亡。预防:①消灭老鼠。②室外饲养在饲料中添加抗生素,增强蜗牛抗病率。

第十二章

水蛭养殖技术

第一节　生物学特性

水蛭，俗名蚂蟥，属环节动物门蛭纲颚蛭目水蛭科。在内陆淡水水域内生长繁殖，是中国传统的特种药用水生动物，其干制品泡制后中医入药，具有治疗中风、高血压、清瘀、闭经、跌打损伤等功效。它在历史上以自然捕捞为主，因生长环境影响，野生自然资源锐减，随着水蛭药用价值的深度开发，其市场需求潜力巨大。我国南方在1995年前后开始捕捞自然苗种，进行人工饲养。江浙地区2000年前后开始进行人工养殖，因对水蛭的研究时间较短，养殖模式及技术不甚成熟，故养殖产量不太稳定。

水蛭养殖彩图

一、外形特征

体长稍扁，似圆柱形，体长2～15 cm，宽2～1.5 mm。背面绿中带黑，有5条黄色纵线，腹面平坦，灰绿色，无杂色斑，整体环纹显著，体节由5环组成，每环宽度相似。眼10个，呈∩形排列，口内有3个半圆形的颚片围成Y形，当吸着动物体时，用此颚片向皮肤钻进，体大型，体长60～120 mm，宽13～14 mm。背面暗绿色，有5条纵纹，吸取血液，由咽经食道而贮存于整个消化道和盲囊中。身体各节均有排泄孔，开口于腹侧。雌雄生殖孔相距4环，各开口于环与环之间。前吸盘较易见，后吸盘更显著，吸附力也强。

二、种群分类

(一)宽体金线蛭

图 12-1　宽体金线蛭

目前养殖的基本为该品种，体长大，略呈纺锤形，扁平，长6～13 cm，宽0.8～2 cm。背面通常暗绿色(图12-1)，具6条细密的黄黑色斑点组成的纵线，背中线1条较深。腹面淡黄色，杂有许多不规则的茶绿色斑点。体环数107。环带明显，占15环。雄生殖孔在33～34环沟间；雌孔在38～39环沟间。眼与日本医蛭同。前吸盘小，颚齿不发达。生活于水田、河流、湖沼中。不吸血，吸食水中浮游生物、小型昆虫、软体动物的幼虫及泥面腐殖质等。全国大部分地区均有分布。

(二) 日本医蛭

日本医蛭又名医用蛭。体狭长稍扁，略呈圆柱形，体长3～5 cm，宽4～5 mm。

背面绿中带黑，有黄色纵线 5 条。腹面平坦，灰绿色，无杂色斑纹。体环数 103；环带不显著，占 15 环。雄生殖孔在 31～32 环沟间；雌孔在 36～37 环沟间。眼 5 对，列成弧形。体前端腹面有一前吸盘。食道纵褶 6 条，颚 3 片，半圆形，颚齿发达。后端腹面有一后吸盘，碗状，朝向腹面，肛门在其背侧。生活于水田及沼泽中。吸人、畜血液。行动敏捷，能作波浪式游泳和尺蠖式移行。春暖时即活跃，6—10 月为产卵期，冬季蛰伏。再生力很强，如将其切断饲养，能由断部再生成新体。全国各地均有分布。

(三)茶色蛭

茶色蛭，又名牛鳖。体较宽体金线蛭略小，呈柳叶形，扁平背部棕绿色，有 5 条细密的绿黑色斑点组成的纵线；腹面浅黄色，甚平坦，散布不规则的暗绿色斑点。余与宽体金线蛭相似。全国大部地区均有分布。

三、生活习性

水蛭属冷血软体动物，在我国南北方均可生长繁殖，它主要生活在淡水中的水库、沟渠、水田、湖沼中，以有机质丰富的池塘或无污染的小河中最多。生长适温为 10～40℃，北方地区低于 3℃时在泥土中进入蛰伏冬眠期，次年 3—4 月高于 8℃左右出蜇活动。水蛭为杂食性动物，以吸食动物的血液或体液为主要生活方式，常以水中浮游生物、昆虫、软体动物为主饵，人工条件下以熟蛋黄、淡水螺贝类、杂鱼类、蚯蚓等作饵。

四、繁殖习性

水蛭雌雄同体，异体交配，体内受精，同时兼具雌雄生殖器官，交配时互相反方向进行，生活史中有“性逆转”现象，存在着性别角色交换，在一生的不同时期扮演不同的角色。交配后 1 个月左右，雌体生殖器分泌出稀薄的黏液，中包被卵带，形如“蚕茧”

(图 12-2),排出体外,在湿泥中孵化,温度适宜,经 16～25 d 从茧中孵出幼蛭(图 12-3),便开始了独立的生活。

图 12-2　水蛭卵茧

图 12-3　水蛭幼苗 1

第二节　网箱养殖

一、场址的选择和建造

所有水蛭养殖池(种蛭池、幼蛭池、商品蛭池)均采用池塘中网箱养殖的方式进行养殖。

（一）场址的选择

养殖场应该选择在生态环境良好、交通和进排水方便的地方，环境符合 GB 18407.4—2001《农产品安全质量无公害水产品产地环境》要求，水源水质符合 GB 11607 渔业水质标准。

（二）池塘的开挖

全面测量、平整地块，开挖养殖池，养殖池通过四周堆高埂基的方法形成池塘，以减少工程量。种蛭池、幼蛭池、商品蛭池网箱纵向方向长度为 60～80 m，网箱宽度方向可根据养殖规模自由调节，池塘深度 0.8～1 m，池塘由进水口向排水口方向倾斜，斜坡比为 1∶(300～400)。池塘应根据养殖规模，每 2 000～2 668 m^2 建设一个进水口和排水口。池埂面宽 1.5～2 m，坡度比为 1∶(1.5～2)。

（三）网箱的建造安装

种蛭池、幼蛭池、商品蛭池网箱均采用 40 目的聚乙烯网片缝制，网箱宽 4～4.5 m，高 0.8～0.85 m，网箱长度比池塘长度缩短 4～6 m，网箱上缘网片向箱内伸出 10～12 cm。网箱上下缘均用直径 0.3 cm 的聚乙烯绳。种蛭池、幼蛭池、商品蛭池网箱四角采用直径 16 cm 以上的木桩固定，中间每隔 4 m 用 3 cm×4 cm×150 cm 的木桩加固（图 12-4）。

种蛭池网箱的设置与安装同幼蛭池、商品蛭池，在网箱内两侧筑宽 100～120 cm、高 50 cm 的土垄，作为种蛭产卵的卵床，在土表铺上草帘。幼蛭池在网箱上搭建防鸟网，对幼苗起防护作用。

（四）孵化室的建造

孵化室选址要求无污染，避光，远离噪声区，靠近水源。孵化室应具备良好的通风换气条件，可调节温度和湿度。

图 12-4 水蛭幼苗 2

二、人工繁殖

(一)种蛭选择放养

选择 2～3 年生，单个体重 20 g 以上，体节明显，分泌黏液较多，色泽鲜艳，生殖器明显，身体强壮的水蛭作为种蛭。3 月 10 日至 4 月 10 日，种蛭用 50 mg/kg 聚维酮碘溶液药浴 10 min 后投放到种蛭池，放养密度为 80～100 尾/m^2。

(二)种蛭饲养管理

种蛭放养后每 3 d 按 1 kg/m^2 投放螺蛳，作为种蛭饵料。在日平均气温 10℃以上，种蛭开始交配，15℃以上开始产卵，在交配产卵期间保持种蛭池水位 30～40 cm，保持周围环境清洁及安静。

(三)茧卵采集与整理

产卵 10 d 后，开始采集茧卵，每隔 1 周采集一次。采集时轻翻土、轻取卵，避免损伤，采集后立即放入孵化箱内。孵化箱底部铺放一层厚度 2 cm 湿度 15%～25%的泥土，剔除残破茧卵，平铺一层，茧卵上面铺放一层厚度 2 cm 湿度 15%～25%的泥土。

(四)人工孵化

将孵化箱放入孵化室,孵化期间,温度保持在20～30℃,空气湿度保持在70%～80%,每隔6 h观察一次,当有50%左右茧卵出苗,要重新整理孵化箱,把已孵化的幼蛭放养到幼蛭池(图12-5),直至茧卵全部孵化。

图12-5 水蛭幼苗管理

三、幼蛭饲养

(一)幼蛭池消毒

幼蛭池消毒用二氧化氯溶解后全池泼洒,使池水浓度为0.2 mg/kg,或用三氯异氰尿酸溶解后全池泼洒,使池水浓度为0.3～0.4 mg/kg 。

(二)幼蛭放养及管理

刚孵化的幼蛭放养量为1 000～1 200尾/m^2。孵化的幼蛭投放入幼蛭池后,第二天开始投喂熟蛋黄和奶粉配制的营养液,熟蛋黄和奶粉配比的的比例为1∶6,每天投喂量占水蛭体重的10%。幼蛭饲养期间必须保持水体清洁,防晒、防逃、防天敌(图12-6)。

图 12-6　水蛭养殖场

四、商品蛭饲养

(一)商品蛭池消毒

同幼蛭池消毒。

(二)幼蛭放养及管理

幼蛭长到 2～3 cm,放入商品池养殖,放养密度为 80～100 尾/m^2。幼蛭放养后投喂鲜活螺蛳,螺蛳要求不腐烂、无污染。每 3 d 投喂一次螺蛳,每 667 m^2 投喂量为 80～100 kg,根据气温、摄食情况,逐步增加投喂量。

(三)日常管理

1. 水生植物种植

养殖网箱内必须种植水生植物,品种可为茹菇、喜岸莲子草等,种植面积不超过网箱面积的 30%,对水蛭起遮光隐蔽作用,并维持水体生态平衡。

2. 水质管理

养殖池水体 pH 保持在 7.5～8.5;高温期间,水深不得低于 70 cm;每隔 5 d 换水一次,换水量为养殖池水体的 25%～40%。

严防化肥、农药、工业、污水等污染，一旦污染，立即换水。

3.病害防治

防病药物必须符合农业部发布的 NY 5071—2001《无公害食品 渔用药物使用准则》要求。提倡生态防病，推广使用高效、低毒、低残留药物，多用生物渔药、中草药，少用抗生素，每隔 15～20 d 使用水质改良剂一次，水质改良剂应符合 NY 5071—2001，NY 5072—2001 的规定。详见表 12-1。

表 12-1 常用环境改良与消毒药物

名称	主要用途	主要用法	停药期/d	备注
三氯异氰尿酸	杀菌、消毒，对芽孢、病毒、真菌孢子等有较强的杀灭作用；此外还有灭藻、除臭与净化水质的作用	遍洒 0.3～0.5 mg/kg	7	该药不能与酸、碱类药物同时使用
二氧化氯	主要用于鱼池水体消毒，可杀死细菌、芽孢、病毒、原虫及藻类	遍洒 0.2～2.0 mg/kg	10	遍洒时应贴水面泼洒
生石灰	改良水质与消毒	清塘 200 mg/kg；遍洒 15～20 mg/kg	7	
沸石粉	改良净化池塘水质	遍洒 30～50 mg/kg	无	忌与化肥和其他药物混放与混用
光合细菌	净化水质，促进生长与防病	遍洒 2～5 mg/kg	无	使用光合细菌前后禁用抗生素和水体消毒剂

4.敌害预防

敌害预防是水蛭养殖成败的重要因素，在养殖中主要应做好鱼类、虾类、水蜈蚣、蜻蜓幼虫、鸟类、青苔等敌害动物和有害植物的预防工作。

(1)鱼类、克氏螯虾　鱼类、克氏螯虾会摄食幼蛭和成蛭。养殖前进水口用40目以上丝绢网袋过滤，防止鱼苗或鱼卵进入养殖池。水蛭苗种放养后可通过装地笼的方法，捕出鱼类、黄鳝、水蛇、克氏螯虾、青虾等。

(2)水蜈蚣、蜻蜓幼虫　水蜈蚣、蜻蜓幼虫会摄食或杀死幼蛭。可通过以下方法进行灭杀，在水蛭池中设若干个用PVC管搭设的方框(2 m×2 m)，在框内泼洒一些煤油，并在上方点一盏灯，利用水蜈蚣的趋光性，使水蜈蚣接触到煤油而死亡，或用网捞取水蜈蚣并灭杀。

(3)鸟类　小型养殖场可通过在池塘上方架设防鸟网来防止鸟类掠食水蛭，大规模养殖场因架设防鸟网成本高，且管理不方便，可采取在池塘四角立电线杆或水泥桩，并用吊线固定，四角水泥桩间用钢丝绳连接并拉紧。在钢丝绳上每隔30～40 cm架设一道锦纶单，能有效防止鸟类下到池塘水面掠食水蛭。

(4)青苔　一是每667 m^2 用草木灰50 kg，撒在青泥苔上并盖满藻体，使青苔无法进行有效的光合作用而慢慢死亡。二是先捞出池中的青泥苔，在青强劲捞取过程中往往会带出大量水蛭，可在水蛭池中搭设几个平台，平台上铺设塑料网，将青苔捞出后置于塑料网上，待水蛭自动爬出后再将青苔移至网箱外处理。或注入塘内总水量的30%～40%肥水，并每667 m^2 施腐熟粪肥20～30 kg，或复合肥2～3 kg，待池水变肥后(池水透明度保持在20～30 cm)，青泥苔将失去生存条件而被彻底清除，在施肥过程中应密切注意池水的氨氮，防止水蛭不适。

5. 捕捞

当商品蛭个体长大成熟(图 12-7、图 12-8),可进行捕捞,捕捞时排干商品池中的水,从网箱底部泥土中挖出商品蛭。

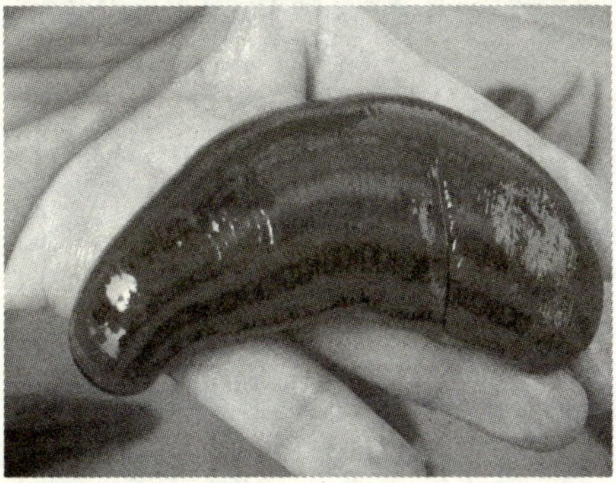

图 12-7 商品水蛭 1

图 12-8 商品水蛭 2

五、商品蛭加工

捕捞后商品蛭需清洗(图 12-9),并用铁丝串起来晒干(图 12-10),形成水蛭干(图 12-11)后再销售。生产工艺流程见图 12-12。

图 12-9　商品水蛭 3

图 12-10　水蛭加工(吊干)

图 12-11　水蛭干品

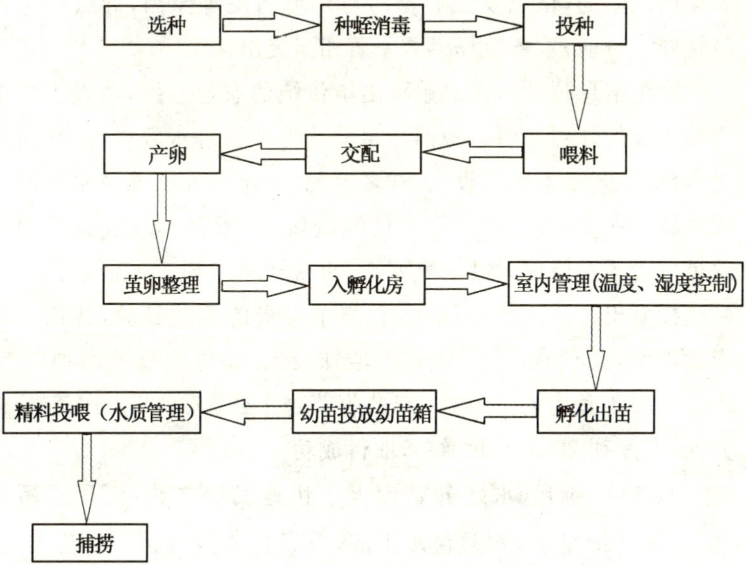

图 12-12 生产工艺流程图

第三节 典型案例

“一项创新，破解一个养殖难题；一条信息，托起一个新兴产业；一只水蛭，成就一个致富梦想；一个市场，连接五湖四海”这就是桐乡市欣龙特种水蛭养殖专业合作社现状的真实写照。

2002 年，河山镇农民陆树松、陆如明兄弟俩偶然从安徽、湖北等省中药材市场了解到水蛭是一种名贵的动物性中药材，其体内分泌的水蛭素，不但可以治疗跌打损伤、高血压、冠心病、脑血栓，还可用于断肢再植的术后治疗，国内外需求量很大，被誉为“软黄金”。但是，长期以来药用水蛭仅来源于自然捕捞。近年来，由于大量使用农药，化肥及工业排污对环境污染等原因，导致野生资源锐减。目前，水蛭市场供需矛盾相当突出。

这个信息帮助陆氏兄弟跳出了传统的农业思维，萌发了人工养殖水蛭的强烈愿望。他们当年就从外地引进水蛭种源，在庙头村承包了 38 亩水田。投入 20 多万元，开始了人工养殖水蛭的探索之路。在 2002—2003 年的试样阶段，由于没有现成技术和经验可以借鉴。造成大批水蛭死亡，出现严重亏损。但他们在失败中也摸索出了一些核心技术，积累了宝贵的养殖经验，他们没有半途而废，反而在 2004 年两次增加投入，将养殖条件增加到 56 亩。功夫不负有心人，这一年共收获鲜水蛭 17.69 t。产值达 46 万元，获净利 20 多万元，终于取得成功。

从 2004 年起，水蛭养殖走上了快速发展之路，面积不断扩大，产量持续增加，效益稳步提高，市场快速拓展。以后几年，年年跨上一个新台阶：2005 年，南京农业大学中药材研究所与河山镇水蛭养殖基地进行技术合作，对产品质量的提高，新产品深度开发起到积极的促进作用；2006 年，水蛭人工繁育及标准化养殖新技术示范基地被列入浙江省科技项目并以通过达标验收。同年 7 月，“水蛭养殖箱”获得国家实用新型专利；2007 年 4 月，成立了“桐乡市欣龙特种水蛭养殖专业合作社”。为提高竞争能力，壮大经济实体，带动农民致富，起到了示范带头作用；2008 年，与南京农业大学中药材研究合作，编写出版了《宽体金钱蛭药材企业标准规程》。

河山镇水蛭养殖业的发展，除了正确的产业定位，适宜的生态条件外，以科学发展观为指引，不断探索实践，突破水蛭繁殖，饲养过程中的一个又一个难关，是推动水蛭产业持续，健康，快速发展的关键举措。他们的具体做法是：

一、选择适宜水蛭养殖的生态环境

水蛭喜欢生活在浅水中，最适宜的温度是15～30℃，药用水蛭产区分布于北纬32°～35°，桐乡地处浙江北部，介于北纬30°28′18″～30°47′48″，东经120°17′44″～120°39′45″，境内水源充沛，总体环境符合水蛭生长、繁育的生长条件，是药用水蛭适宜人工养殖地区。因水蛭对养殖小环境的要求较高，陆氏兄弟选择的养殖基地达到了周围无污染，灌溉水源清洁，管理方便，交通便利的养殖要求。

二、从零开始，摸索关键技术

水蛭原为野生水生动物，陆氏兄弟对它的生活习性和生长规律一无所知。通过连续两年艰苦的探索，先后解决了水蛭产卵、温控孵化和标准化网箱养殖关键技术。一是通过人工从泥土中采集卵茧，及时放入保温室进行人工控温孵化。出苗后及早投喂自制精料，使水蛭幼苗成活率达到了95%左右，极大地提高了成活率；二是针对水蛭逃逸性极强的习性，采用大田尼龙网箱养殖方法。待幼蛭体长到15 mm以上时，及时转入标准网箱内饲养。网箱的制作方法是：网与底网相连，围网部分离水面高出1 m左右，网口边向折约10 cm，有效地防止了水蛭逃逸。

三、根据生活习性，精细管理

水蛭具有昼伏夜出，好静喜阴，以小螺丝、小蚌为食等习性。陆氏兄弟一是在饲养管理中采用在网箱中放养适量水草，遮光调温，净化水质；二是经常观察水蛭摄食情况，及时调整投饲量；三是水深一般保持40～50 cm，高温时期水深不少于70 cm，并经常做到勤换池水，严防农药，化肥，工业等污水侵入。

第十三章 翘嘴红鲌养殖技术

第一节 生物学特性

翘嘴红鲌(*Erythroculter ilishaeformis*),又名白鱼、白条等。属鲤形目鲤科鲌亚科红鲌属。翘嘴红鲌在中国各大水系均有分布,尤其是长江中下游流域的重要经济鱼类。其肉质洁白、细腻,味道鲜美,深受老百姓喜爱,是著名的“太湖三白”之一。随着翘嘴红鲌人工繁育技术的成熟以及配合饲料的成功应用,已成为江浙地区名优水产养殖品种之一。

翘嘴红鲌养殖彩图

一、形态特征

翘嘴红鲌,口上位,口裂几垂直。体长为体高的 4.0～5.1 倍,体长而侧扁,头长为眼间距的 4.2～5.2 倍。体银白色,各鳍灰黑色。一般体重 2～2.5 kg,最大可达 10～15 kg,为较大型的经济鱼类(图 13-1)。

图 13-1 翘嘴红鲌

二、生活习性

翘嘴红鲌属中、上层大型淡水经济鱼类,行动迅猛,善于跳跃,性情暴躁。人工繁殖后代野性大减,适宜人工养殖。

三、生活环境

翘嘴红鲌分布于全国各主要水系,适应能力强。较喜欢生活在流水或大水面溶氧丰富的中上层水体,属广温性鱼类。养殖水体要求为水深 0.5～10 m,水质清新,透明度在 30 cm 以上。其适宜的 pH 为 6.5～8.5,生存水温 0～38℃,摄食水温 3～36℃,最适水温 15～32℃,最佳生长水温 18～30℃;繁殖水温 20～32℃。

四、食性

翘嘴红鲌不同生长阶段的饵料各不相同。翘嘴红鲌成鱼性情凶猛,以中上层活动的小型野杂鱼为食,如梅鲚、鲻、鳑等。幼鱼则由浮游生物、水生昆虫、小鱼小虾为食,至 30 cm 以后几乎完全以鱼类为食。人工养殖状态下,翘嘴红鲌体长达 5 cm 以后可摄食浮性配合饲料。摄食频率高,在严寒的冬季及生殖期间都照常摄食。

五、生长

天然水域中,一般1冬龄的幼鱼体长为20 cm左右,重50 g左右;2冬龄的鱼体长为30 cm左右,重350 g左右。1、2冬龄的鱼处于生长旺盛期,3冬龄以上进入生长缓慢期。同一批翘嘴红鲌苗,其生长速度相对一致。在人工养殖条件下,3～5 cm的鱼种,经过6～10个月的饲养,70%的鱼能长到500 g以上。

第二节　养殖概况

翘嘴红鲌作为名贵鱼类,长期以来依靠捕捞,随着人们消费水平的提高和野生资源的衰退,远远不能满足市场需求。从2000年开始,浙江省一批水产科技工作者开展了翘嘴红鲌的生物学特性、繁殖生物学、苗种培育、人工养殖等一系列研究。2002年开始,翘嘴红鲌苗种繁育、养殖进入快速发展阶段。

嘉兴市养殖翘嘴红鲌历史也是从2001年开始,主要集中在桐乡、秀洲、嘉善等区域,目前全市养殖面积约160 hm^2,年产量约900 t。其中桐乡约占50%。

第三节　养殖模式

一、鱼种培育

鱼种培育池以1 334～2 000 m^2 为宜,水深1～1.5 m,进排水方便。池塘按常规方法用生石灰干法清塘,放苗前7～10 d注水至 1 m，施有机肥培育水质，透明度控制在 30 cm 左右。放养的夏花苗种要求规格整齐，健康活泼。苗袋运至塘口后，让其在水面漂浮 5～10 min，使里外水温接近后再将鱼苗入塘。放养密度为每亩 1.5 万～1.8 万尾。翘嘴红鲌在 5 cm 以前要投喂粉状饵料，应坚持少量多次的原则沿池边投喂，根据实际情况每天投喂 4 次左右。5～10 cm 阶段，逐渐过渡到粒径 1 mm 的浮性膨化颗粒饲料。至此，摄食驯化工作基本完成。体长达 10 cm 以后开始投喂粒径 2 mm 的浮性配合饲料，早晚各投喂一次，投喂量以 2～3 h 内吃完为准。随着水温的升高和鱼体的长大，每隔 10 d 左右加水一次，每次 10 cm，最终加水至 1.5 m。一般培育至当年 12 月，体长可达 13～15 cm，此时可以转入成鱼塘进行商品鱼养殖。

二、成鱼养殖

翘嘴红鲌的养殖模式一般为池塘专养或套养，在湖泊、水库和外荡等大水体也可采用网箱养殖。这里主要介绍最为普遍的池塘养殖。

池塘专养：养殖池塘以 0.13～0.67 hm^2 为宜，水深 1.2～2.5 m，池底平坦，淤泥≤20 cm，进排水方便，以利池水交换。水质要求清新，水源充足无污染，要求水体溶氧在 4 mg/L 以上，透明度在 40 cm 左右，pH 7.2～8.5，每个池根据池塘大小配备 0.75～1.5 kW 增氧机一台，以利于提高单位面积产量。在苗种放养前 15 d 左右，用生石灰进行干法清塘消毒，用量 75～100 kg/667 m^2，主要杀灭潜在的病原体及其他敌害生物，2 d 后排干池水，暴晒待用。放养量在 800～1 000 尾/667 m^2，同时可搭养少量鲢、鳙、鲫鱼等苗种调节水质。放养时间为每年的 11 月至翌年 3 月，全程投喂浮性配合饲料。该模式适合连片池塘，这样有利于集中管理、捕捞方便，养殖中也可采用捕大留小的方法，使成鱼上市量相对不集中，从而使鱼价不受影响，提高经济效益。专池养殖翘嘴红鲌一般产量在 800 kg/667 m^2 以上，所以在养殖管理中注意做好鱼病的防治、饵料投喂和防止鱼类浮头等工作。

池塘套养：这种养殖模式主要适合于一般的常规成鱼养殖，根据各种鱼类的食性和栖息习性不同进行搭配混养，是一种比较经济合理的养殖方式。成鱼塘一般小杂鱼类较多，是翘嘴红鲌的适口鲜活饵料，混养翘嘴红鲌后有利于逐步清除小杂鱼，减轻池中溶解氧消耗、争食等弊端，同时可增加单位产量。翘嘴红鲌放养一般与其他鱼种同时进行，尤以冬放时间为好，鱼种不易受伤，混养比例 10%～15%，80～120 尾/667 m^2，可产翘嘴红鲌商品鱼 40～60 kg。这种模式在各地普遍采用，尤其适合于中小型养殖户，其优点是管理方便，不影响其他鱼类生长，技术要点是常规鱼种放养时规格要求大一些，夏季高温期间要适时开启增氧机，以防鱼类泛池死亡。

第四节 病害防治

翘嘴红鲌对药物较为敏感，使用药物进行病害防治时需谨慎。故在养殖过程中应注意疾病的预防。鱼种放养前，用 3%～5%食盐水浸洗 5～10 min。保持水质清新，定期施用微生物制剂调节水质、改良底质。定期对水体进行消毒：每隔 30 d 用生石灰全池泼洒一次，使水中浓度达到 8～10 mg/L；每隔 15 d 全池泼洒氯、溴制剂，用量为三氯异氰尿酸 0.1 mg/L、二氧化氯 0.1～0.2 mg/L、二溴海因 0.2～0.3 mg/L。养殖中，翘嘴红鲌常见疾病主要有细菌性和寄生虫疾病等，防治方法见表 13-1。

表 13-1 翘嘴红鲌常见疾病防治方法

病害名称	症状	防治方法
烂鳃病	病鱼体色发黑，消瘦，游动缓慢，离群独游，食欲减退或停食，鳃上黏液增多，鳃丝肿胀糜烂	二氧化氯 0.2 mg/L 或二溴海因 0.3 mg/L 全池遍洒，隔日施用一次，连用 2～3 次
小瓜虫病	体表、鳍条和鳃等部位可见白点，黏液增多，游动迟缓	内服中草药驱虫药，杀虫以后对水体消毒以防止鱼体感染其他疾病
指环虫病	寄生在皮肤和鳃。少量指环虫寄生症状不明显，大量寄生时病鱼在岸边浅水处游动，鳃丝肿胀，黏液增多	处理方法同小瓜虫病
锚头鳋病	体表可见红色锚头鳋寄生	90%晶体敌百虫 0.3 mg/L 全池遍洒，用药 24 h 后换水 1/3

第十四章

黄颡鱼养殖技术

第一节　生物学特性

黄颡鱼(*Pelteobagrus fulvidraco*)属鲶形目鲿科黄颡鱼属,又名汪丁、昂刺等。广泛分布于我国各地,为常见的小型食用鱼类。该鱼肉质细嫩、肥美,营养丰富,无肌间刺,深受老百姓喜爱。

黄颡鱼养殖彩图

一、形态特征

背部黄绿色,体则黄色并有断续的黑色斑块,腹部淡黄或白色各鳍均为黑色,体长,腹部平坦,后部稍侧扁,体裸无鳞,头大宽平,眼小,位于头的前侧上位,口下位,口裂大。口须 4 对,上颌须长,下颌须 2 对,外侧须长于内侧须,背鳍硬刺后缘具锯齿,胸鳍刺比背鳍刺长,前、后缘均具锯齿(图 14-1)。

图 14-1　黄颡鱼

二、生活习性

黄颡鱼属底层鱼类，喜息于静水或缓流水体中，在鱼塘中白天栖于池底，觅食多在夜晚进行。生存水温 0～38℃，适宜温度 22～28℃；较耐低氧，溶氧量为 2 mg/L 以上正常生活；适宜偏碱性水体，pH 7.0～8.5。雄鱼有筑巢、保护卵和幼鱼的习性。

三、食性

黄颡鱼是偏动物性饵料的杂食性鱼类，鱼苗阶段以浮游动物、水丝蚓、摇蚊幼虫等为食，生长至 8～10 cm 后，与成鱼食性相似，以小鱼小虾、鱼卵、水生昆虫、软体动物和水生植物等为食。人工养殖条件下经驯化可以很好地摄食配合饲料。

四、生长

属小型鱼类，生长速度较慢，自然条件下黄颡鱼Ⅰ龄鱼可生长至 20～50 g，人工饲养条件下可生长至 100～150 g。同一批鱼，雄鱼的生长速度大大高于雌鱼(图 14-2)。

图 14-2 黄颡鱼雄鱼

第二节 养殖概况

黄颡鱼以其生长周期短、群体产量高、经济效益高、适温性广的特点，而备受养殖业关注，在全国各地均有养殖，且因其为底栖鱼类，适应与各种鱼混养。目前，在我国市场销售及人工养殖中有“瓦氏黄颡鱼”和“黄颡鱼”两个品种，前者生长显著高于后者，但前者体色较浅，斑纹不明显，市场接受程度不如黄颡鱼。

我国大约从 20 世纪 90 年代初开始养殖黄颡鱼，但受限于苗种，产量十分有限。2000 年以后黄颡鱼人工育苗开始逐渐成熟，苗种的瓶颈打破后，黄颡鱼养殖产业迅速壮大。2007 年全国黄颡鱼产量已达 11.4 万 t，至 2014 年全国黄颡鱼总产量达 33.3 万 t，7 年间，产量增加 2 倍。其中，湖北省养殖产量最大，2014 年产量达 8.8 万 t，占比超过 26%。江西、浙江、广东年产量也居全国前列，产量均超过 3 万 t，其中浙江省约 4 万 t。在嘉兴市，黄颡鱼是常见的养殖品种，其中桐乡市 2014 年黄颡鱼产量 1 098 t。

据报道，全雄黄颡鱼于 2010 年培育成功，比普通黄颡鱼苗生长速度快 30%～50%，可明显缩短养殖周期，提高养殖产量，目前也在逐步推广中。

第三节 养殖模式

一、池塘专养

(一)池塘条件

池塘面积 0.13～1 hm^2,水深 1.5～2.5 m,淤泥厚度≤10 cm。进排水方便,水质清新。用生石灰进行干法清塘消毒,每 667 m^2 用量 75～100 kg。清塘后晒塘 7 d,之后进水至 1.2 m 水深,7～10 d 后就可放养鱼种。

(二)鱼种放养

1. 主养

可以选择 3～5 cm 的夏花苗种或 10 cm 以上的冬片鱼种。夏花苗种放养时间一般为 5 月中下旬,放养密度为每 667 m^2 1 万～1.5 万尾。冬片鱼种放养时间一般为 3 月下旬,水温 15℃以上,放养密度为每 667 m^2 6 000～8 000 尾。一般建议放养冬片鱼种,上市规格较大,养殖成功率高。若放养夏花苗种,建议用 0.13 hm^2 左右的小塘养至粗 6～8 cm 后再转入大塘养殖。每 667 m^2 池塘套养鲢鱼鱼种 100～150 尾,用于调节水质。

2. 套养

在其他主养鱼池中每 667 m^2 套养 300～500 尾黄颡鱼冬片鱼种,在投喂主养品种的情况下无须专门投喂黄颡鱼饲料,在日常管理上也应以主养品种为主。

3. 混养

混养是指利用不同鱼类活动水层、食性等的差异混合养殖,目的是为了充分利用水体空间,充分利用饵料等。合理的混养可以提高养殖效益。黄颡鱼为底层鱼类,且有昼伏夜出习性,因此,特别适合与中上层鱼类混养。

翘嘴红鲌与黄颡鱼混养(浙江桐乡):鱼种放养时间为 12 月,放养翘嘴红鲌(50～70 尾/kg)3 000 尾/667 m^2,黄颡鱼(100～140 尾/kg)5 000 尾/亩 667 m^2,花䱻(40～70 尾/kg)2 000 尾/667 m^2,花白鲢(10～20 尾/kg)280 尾/667 m^2,鲫鱼(60～80 尾/kg)400 尾/667 m^2。2 月以前不投喂,2 月中旬开始训食。投喂翘嘴红鲌 2～6＃浮性膨化饲料。至 11 月底全部捕捞销售,养殖周期一年。亩产情况:翘嘴红鲌 769 kg,黄颡鱼 590 kg,花白鲢 287 kg,花䱻 193 kg,鲫鱼 52 kg,总产量 1 891 kg。该养殖模式为双品种主养式混养,该模式在不减少翘嘴红鲌产量的情况下显著增加黄颡鱼产量,主要是通过充分利用水体上下层空间达到增加养殖产量,实现提高养殖效益的目的。

加州鲈与黄颡鱼混养(江苏南京):5 月下旬,开始放养驯化后的加州鲈鱼苗,规格 6～8 cm,放养量 2 000 尾/667 m^2。6 月,放养 4～5 cm 的黄颡鱼苗 1 000 尾/667 m^2。另外套养鲢鳙鱼苗 70 和 20 尾/667 m^2。当年 11 月捕捞销售,每亩产量:加州鲈 750 kg,黄颡鱼 48 kg,鲢鱼 94.5 kg,鳙鱼 47.5 kg,共 940 kg。该模式较单养加州鲈效益提升 15%以上,利用黄颡鱼的杂食习性,专吃加州鲈的残饵,既充分利用了投喂的加州鲈饵料,又可预防由于残饵腐败而坏水现象的发生,同时也提高了混养品种的销售价格,提升了加州鲈的养殖经济效益,养殖前景十分广阔。近年来,黄颡鱼与加州鲈的混养模式在江苏南京、苏州等地养殖区域应用较多,养殖面积逐年增加。

(三)日常管理

1. 饲料投喂

全程投喂专用膨化颗粒饲料，粒径 1～3 mm，早晚各投喂一次，日投喂量为鱼体重的 2%～4%，一般以 1 h 内吃完为好。结合天气，水温和水质等情况结合摄食情况灵活掌握投喂量。根据池塘大小，设置食台 1～4 只，利于集中摄食。

2. 水质管理

保持良好的水质是养殖成功的前提。5—6 月，水温逐渐升高，应根据实际情况将水位加深至 1.8～2 m。高温季节，鱼摄食量增加，生长速度快，每隔 7～10 d 加注一次新水，每次 20～30 cm。进入秋季，每隔 10～15 d 加注一次新水。养殖期间，定期施用生物制剂，以改良水质和底质。根据池水肥度，结合注排水，将透明度控制在 30 cm 左右。

3. 巡塘

经常巡视池塘，观察池鱼动态。每天要早、中、晚巡视池塘 3 次。黎明时观察池鱼有无浮头现象，日间可结合投饲料和测水温等工作，检查池鱼活动和摄食情况；近黄昏时检查全天摄食情况，有无残剩饲料，有无浮头预兆。结合当天巡塘情况，做好生产记录。

第四节　病害防治

黄颡鱼抗病力强，一般病害较少发生。但随着养殖规模的扩大和养殖密度的提高，病害发生也呈上升趋势。另外，黄颡鱼属无鳞鱼，其对多种药物耐受力较低，故在用药时需小心谨慎。现将黄颡鱼的常见疾病及防治方法列于表 14-1。

表 14-1　黄颡鱼常见疾病防治方法

病害名称	症状	防治方法
细菌性烂皮病	放养时擦伤或水质败坏，感染细菌引起。病鱼体表皮肤溃烂坏死脱落，鳍条不完整	在放养后可用碘制剂全池泼洒，聚维酮碘浓度 4.5～7.5 μg/L，或三氯异氰尿酸消毒预防，浓度 0.2～0.3 mg/L；同时内服氟苯尼考，用量按说明书
肠炎病	病鱼独游，腹部膨大，肛门红肿，轻压腹部，肛门有黄色黏液流出	全池泼洒 0.5 mg/L 溴氯海因或 0.2～0.5 mg/L 三氯异氰尿酸水体消毒。内服氟苯尼考，使用方法按说明书
红头病	头顶发红甚至头顶开裂	该病危害严重，但致病机理尚不明确，以预防为主。发病时全池泼洒消毒，饲料添加恩诺沙星或氟苯尼考＋三黄粉＋维生素 C 钠粉，连用 5～7 d

参考文献

[1] 王卫民,等.养鳖技术.北京:金盾学出版社,2010.
[2] 黄爱平,等.甲鱼健康养殖技术问答.北京:化学出版社,2010.
[3] 李清.水生动物疾病与安全用药手册.北京:海洋出版社,2014.
[4] 丁雷.简明养鳖手册.北京:中国农业大学出版社,2001.
[5] 姚国成.优质、高产、高效——淡水养殖技术与经验.北京:科学出版社,1998.
[6] 朱嘉燕,杨剑立,等.嘉兴市新型生态高效水产养殖模式与技术实例汇编.嘉兴市水产技术推广总站,2010.
[7] 朱道玉.中华鳖的发育及人工养殖.北京:化学工业出版社,2010.
[8] 李敦岳,等.池塘虾鳖混养试验.科学养鱼,2012(3):32-33.
[9] 吴龙茂,等.甲鱼越冬死亡原因及对策.科学养鱼,2014(2):39-40.
[10] 郑善坚,等.中华鳖腮炎的防治技术探讨.科学养鱼,2015(10):56-57.
[11] 胡海彦.淡水养殖实用技术手册.2版.北京:中国农业出版社,2005.
[12] 刘洪军.无公害南美白对虾标准化生产.北京:中国农业出版社,2006.
[13] 周志明,丁雪燕.海水虾淡化养殖技术.杭州:浙江科学技术出版社,2000.
[14] 李生.对虾养殖中的肥水技术.齐鲁渔业,2014(10):30-31.
[15]《浙江效益农业百科全书》编辑委员会.青虾 罗氏沼虾.北

京:中国农业科学技术出版社,2014.
[16]《浙江效益农业百科全书》编辑委员会. 河蟹. 北京:中国农业科学技术出版社,2014.
[17] GB 5055—2008 青鱼、草鱼、鲢鱼、鳙鱼亲鱼标准.
[18] GB 9956—2011 青鱼鱼苗、鱼种质量标准.
[19] GB 11607—1989 渔业水质标准.
[20] GB 17716—1999 青鱼.
[21] GB/T 18407.4—2001 无公害水产品产地环境要求.
[22] NY 5051—2001 无公害食品　淡水养殖用水水质.
[23] NY/T 5067—2001 无公害食品　中华鳖养殖技术规范.
[24] NY 5071—2002 无公害食品　渔用药物使用准则.
[25] NY 5072—2002 无公害食品　渔用配合饲料安全限量.
[26] SC/T 1022—1989 青鱼亲鱼　培育技术要求.
[27] SC/T 1023—2006 青鱼亲鱼　催产技术要求.
[28] DB33/T 496—2004 无公害青鱼.
[29] 浙江省水产志(1999 版).
[30] 嘉兴市水产志(1989 版).
[31] 李生武. 物理的生物学特性及其养殖技术. 中国水产,1999(10):28-31.
[32] 陈德富,等. 乌鳢养殖技术. 杭州:浙江科学技术出版社,2000.
[33] 朱慧臣,等. 乌鳢. 北京:中国农业科学技术出版社,2004.
[34] 谢楠,等. 杂交鳢“杭鳢 1 号”高效、高产养殖试验. 科学养鱼,2012(1):39-40.
[35] 印杰. 泥鳅健康养殖技术. 北京:化学工业出版社,2002.
[36] 占家智,羊茜. 泥鳅标准化生态养殖技术. 北京:化学工业出版社,2015.
[37] 潘建林. 黄鳝与泥鳅养殖新技术. 上海:上海科学出版社,

2002.
[38] 周志明,等. 泥鳅养殖技术规范(DB 33/T 561—2012). 杭州:浙江省质量检验技术监督局,2012.
[39] 张连思,阎明信. 台湾大泥鳅高效养殖技术. 科学养鱼,2015(12):39-40.
[40] 蒋静,等. 稻鳅共生高效生态种养技术. 科学养鱼,2016(1):27-28.
[41] 黄国稳,等. 泥鳅鳃霉病诊治一例. 科学养鱼,2016(6):63.
[42] 李建勋,等. 泥鳅高效生态养殖模式. 渔业致富指南,2014(9):37-38.
[43] 徐卫国,等. 泥鳅大规模繁育技术研究. 科学养鱼,2012(3):10-11.
[44] 陈德牛. 蜗牛及其利用. 北京:金盾出版社,1997.
[45] 刘炳仁. 蜗牛养殖与食用技术问答. 上海:上海科学技术文献出版社,2002.
[46] 吕伟清,陆树松,等. 水蛭网箱养殖技术规范. 桐乡市农业地方标准规范 DB 330483/T 032—2009.
[47] 王树林. 非药物清除水蛭敌害的方法. 农业知识,2002(11):7.
[48] 杨潼. 中国动物志环节动物门蛭纲. 北京:科学出版社,1996.
[49] 孟庆闻,缪学祖,俞泰济,等. 鱼类学(形态·分类). 上海:上海科学技术出版社,1987.
[50] 申海玉,潘开宇,伦峰. 我国翘嘴红鲌的研究现状. 中国水产,2006(08):67-69.
[51] 赵永锋,戈贤平,潘洪强. 翘嘴红鲌生物学特性和人工繁殖技术. 科学养鱼,2008(05):12-13.
[52] 胡廷尖,黄小红,徐正奎. 浙江省翘嘴红鲌的问题与对策. 当代水产,2005(z1):154-155.
[53] 何义进,周群兰,赵永锋,等. 翘嘴红鲌主要疾病生态防控技

术. 科学养鱼,2008(09):12-14.
[54] 胡廷尖,章文敏,赵静永. 翘嘴红鲌的生物学特性及养殖技术. 水产科技情报,2002,29(4):170-172.
[55] 无公害翘嘴红鲌 第 2 部分:养殖技术规范 DB 33/546. 2—2005.
[56] 王吉桥. 黄颡鱼的生物学与养殖技术. 现代渔业信息,2003(18)6:3-8.
[57] 王俊鹏. 黄颡鱼生物学特性及养殖技术. 内陆水产,2008(8):38-39.
[58] 徐慨,熊美海. 加州鲈鱼与黄颡鱼高效混养模式技术要点. 水产养殖,2015(03):19-20.
[59] 沈勤,吕伟清,孙伟杰,等. 翘嘴红鲌黄颡鱼双品种高产混养技术试验. 科学养鱼,2012(07):39-40.
[60] 偰国胜,罗亚飞,张国娣. 浅谈黄颡鱼池塘养殖关键技术. 水产养殖,2015(12):25-27.
[61] 袁晓初,赵文武. 2015 中国渔业统计年鉴. 北京:中国农业出版社,2016.
[62] 黄颡鱼养殖技术规范 DB 33/T 694—2014.